LA FANTÁSTICA AVENTURA NUCLEAR

Álvaro Tucci Reali

LA FANTÁSTICA AVENTURA NUCLEAR
Álvaro Tucci Reali
tcclvr@gmail.com

Cubierta, diagramación y revisión: Dr. Kay Tucci Kellerer

ISBN: 978-1-387-16779-1

Published by: Lulu

ÍNDICE GENERAL

PRÓLOGO

Este libro tiene por objeto satisfacer a aquellas personas que desean adentrarse en el fascinante tema de la tan conflictiva energía nuclear.

A excepción de la energía acumulada en los yacimientos naturales de elementos radiactivos, todo el resto de la energía de que se dispone es consecuencia de la acción del Sol sobre la superficie terrestre. Los combustibles fósiles no son más que energía solar almacenada; la energía hidráulica se obtiene por la evaporación del agua; la eólica, por los vientos generados por cambios de temperatura; la fotovoltaica por conversión de la luz, etc.

Aparte de la energía suministrada por el Sol, en el interior de la Tierra existe una gran acumulación de energía geotérmica todavía muy poco aprovechada por el hombre.

La luz y el calor que suministra nuestro astro provienen de gigantescas reacciones nucleares que se producen en su núcleo. El núcleo del Sol es un enorme reactor, que mediante un proceso de fusión en el que el hidrógeno se convierte en helio, se generan enormes cantidades de energía. La Tierra sólo se apodera de una parte de los 2.200 millones del total de la energía radiada.

Mediciones satelitales determinaron que la radiación solar por metro cuadrado incidente en la superficie exterior de la atmósfera, en un plano perpendicular a los rayos solares, es de unos 1360 vatios y la Tierra completa recibe la astronómica cifra de unos $1,740 \times 10^{17}$ vatios. La mayor parte de esta energía la recibimos en forma de ondas electromagnéticas, las cuales demoran unos ocho minutos en alcanzarnos.

El Sol se formó hace 4.500 millones de años y tiene combustible para unos 5.500 millones de años más. La Tierra es el planeta más favorecido del sistema solar, la energía que generosamente nos entrega el Sol calienta y evapora el agua contaminada de los océanos que vuelve pura en forma de lluvia. También se emplea en los procesos de fotosíntesis de las plantas que nos suministran alimento y renuevan el oxígeno.

Sin la energía solar la Tierra sería un lugar oscuro, sin plantas ni animales, un planeta muerto, sin agua y con temperaturas extremas. Las especies vivas que conocemos, incluyendo el hombre, son el resultado de una evolución que sólo fue posible gracias a la radiación solar que nos acompañó durante millones de años.

Antiguamente se creía que la luz y el calor que nos envía el Sol eran el producto de la combustión del carbón, algo así como un gran brasero. El filósofo griego Anaxágoras de Atenas, quien vivió en el siglo V a.C., tras observar un meteorito incandescente caer a tierra pensó que se había desprendido del Sol. Dado que buena parte del meteorito era hierro, supuso que nuestro astro era una enorme masa de hierro al rojo vivo.

El hombre tardó miles de años en descubrir que el Sol era una estrella más. El Sol aparece como un gran disco que emite luz y calor, en tanto que las estrellas son puntitos luminosos fríos y distantes suspendidos en el espacio. Las estrellas siempre han sugerido algún misterio, algo divino, algo mágico: Muchos todavía creen que mediante su observación es posible predecir el futuro.

Estamos aquí porque existe la energía nuclear que es fascinante por si misma, que es fuente de vida y no tiene la culpa de que la hayamos utilizado incorrectamente. El solo hecho de que el hombre intente conocerla y emplearla, es indicativo de que quiere aprender a manipular la misma forma de energía que utiliza el Sol, las estrellas y las galaxias.

No hay nada nuevo relacionado con la energía nuclear, salvo los usos que el hombre está aprendiendo a hacer de ella. Los elementos radiactivos han existido en nuestro planeta desde su formación, incluso el hombre y todo ser vivo tiene en sus tejidos trazas de sustancias radiactivas.

Los fenómenos involucrados en la producción de energía a gran escala son la fisión y la fusión nuclear. En la fisión, un núcleo pesado se rompe para dar origen a núcleos más ligeros; en tanto que en la fusión se unen dos núcleos atómicos livianos. En ambos casos se libera gran cantidad de energía, mucha más que la liberada en reacciones químicas convencionales.

La enorme cantidad de energía que se obtiene de las reacciones nucleares proviene de la pérdida de masa que experimentan los átomos durante la fisión o la fusión. La pérdida de masa, según lo determina la famosa ecuación de Albert Einstein, se convierte en energía. La energía liberada puede ser controlada, como en las centrales nucleares o incontrolada, como ocurre en las explosiones atómica.

Aunque la tecnología nuclear se utiliza principalmente para producir energía eléctrica, ésta no es su única aplicación. La industria bélica, la medicina, la investigación científica, la datación arqueológica, el procesamiento de alimentos y la industria en general, también la utilizan.

En 1938, en los umbrales de la Segunda Guerra Mundial, un grupo de investigadores del Instituto Kaiser Wilhem de Berlín, liderados por el físico alemán Otto Hahn descubrieron la forma de fisionar los átomos y que de esa fisión se podía obtener energía, hecho que hizo posible el desarrollo de la tecnología nuclear.

Al terminar la guerra Alemania fue ocupada y buena parte de los resultados de las investigaciones llevadas a cabo en ese país, cayeron en manos de las fuerzas estadounidenses y soviéticas. Los resultados de estas investigaciones contribuyeron para que en los laboratorios de Alamo Gordo, en Nuevo México, se complementara esa tecnología y poco después Estados Unidos detonó las primeras bombas atómicas.

El asombroso poder destructivo de las armas nucleares ha hecho que esta tecnología se observe con cautela, lo más lejos posible. La cautela y el rechazo son provocados por las terribles consecuencias producidas por las detonaciones atómicas del 8 de agosto de 1945 sobre la ciudad japonesa de Hiroshima y un día después otra sobre Nagasaki. También causó gran conmoción mundial el catastrófico accidente acontecido en 1986 en Chernobyl, Ucrania, donde el material radiactivo diseminado fue 500 veces mayor que el liberado en Hiroshima y llegó a contaminar unos 20 países europeos. Igualmente disparó las alarmas el accidente causado por un potente tsunami que averió seriamente la planta nuclear japonesa de Fukushima en el año 2011.

A pesar del rechazo que se pueda tener, actualmente es casi impensable prescindir de ella, ya que mucha de la electricidad consumida por los grandes países industrializados es generada en centrales nucleares.

La electricidad es energía de alta calidad, versátil y limpia en el punto de consumo. Para producirla, las plantas generadoras convencionales utilizan gas, petróleo o carbón, por lo que son grandes productoras de gases y cenizas contaminantes, que arrojados a la atmósfera causan calentamiento global y lluvia ácida. En cambio, las centrales nucleares no generan contaminantes que producen alteraciones de la atmósfera, pero durante el proceso se activan materiales y se generan residuos tóxicos que contienen sustancias radiactivas muy peligrosas y algunas continúan siéndolo durante milenios.

Otra amenaza relacionada con la energía nuclear de la que poco se habla, es el creciente tráfico de los muy apreciados materiales radiactivos. Estos materiales en manos de organizaciones criminales, terroristas o de gobiernos irresponsables, podrían ser utilizados para producir armas atómicas. Los expertos opinan que los riesgos a que estamos sometidos debido a las radiaciones no son significativos, sin embargo la sociedad los percibe como muy peligrosos, debido a que se creó una fobia hacia la energía nuclear.

La energía contenida en las reservas mundiales de uranio es mayor que la de todos los combustibles fósiles de la Tierra juntos. De liberarse toda la energía contenida en un solo kilogramo de uranio, equivaldría a tres millones de kilogramos de carbón. La fisión de un átomo de uranio-235 entrega 210 MeV (mega electrón voltios), en tanto que la combustión de un átomo de carbono sólo entrega 4 eV. Lo que indica que la fisión del átomo de uranio-235 es 52 millones de veces más energética.

Aparte del uranio, para generar energía también se emplean subproductos de la combustión como el plutonio y reactores que consumen residuos nucleares. Además se está desarrollando la tecnología del torio, elemento aún más abundante en la superficie terrestre.

Por convención existen los colores, por convención existen los sabores dulce y amargo, pero en realidad solo hay átomos y vacío.

Demócrito

EL ÁTOMO

El Universo está formado por partículas elementales que al agruparse forman átomos. Estos a su vez se combinan y forman moléculas. Las diferentes moléculas se combinan para formar la materia. La materia es un concepto que hace alusión a la sustancia que compone los objetos que nos rodean, aquella de la que están hechas las cosas.

El átomo es la porción más pequeña de materia que conserva identidad. Una simple gota de agua contiene 6 mil trillones de átomos (6×10^{21}). Esta enorme cantidad muestra lo diminuto que es. Un pedazo de hierro, de madera, de hueso, el aire o nosotros mismos estamos hechos de átomos, la Tierra y el Universo están hechos de átomos.

En su forma más simple, se puede asumir que el átomo está formado por un núcleo y electrones que giran a su alrededor. El núcleo es un conglomerado de partículas elementales llamadas protones y neutrones, que por ser parte del núcleo se les llama nucleones.

Los protones tienen carga eléctrica positiva, en tanto que los neutrones no tienen carga. Los electrones tienen carga eléctrica negativa y su peso es 1850 veces menor que el de los protones. Podemos imaginar que los electrones giran alrededor de núcleo a alta velocidad describiendo órbitas en capas perfectamente definidas.

El volumen del núcleo ocupa alrededor de una cienmilésima parte del volumen del átomo, pero en él se concentra el 99,98% de su masa. Si el átomo fuera un globo del tamaño de una plaza de toros, el núcleo sería una bolita de algunos milímetros de diámetro.

De lo anterior se deduce que los cuerpos a nuestro alrededor son esencialmente espacios vacíos; la materia que los compone está concentrada en pequeños puntos separados por enormes espacios libres. Espacios que están "ocupados" por un enjambre de fuerzas electromagnéticas que se establecen entre las cargas positivas del núcleo y las negativas de los electrones en órbita.

Como en el diminuto núcleo se concentra casi toda la masa, su densidad es increíblemente grande. Si se pudiera llenar una caja de cerillas sólo con núcleos, su peso sería de unas 2.500 millones de toneladas. Valor que por su elevada magnitud no admite ningún tipo de comparación.

La materia que nos rodea está constituida por la combinación de uno o más elementos químicos. Los 98 elementos químicos que existen en estado natural van desde el hidrógeno, el más liviano, cuyo núcleo está formado por un solo protón; hasta el uranio, el más pesado, cuyo núcleo tiene 92 protones y 146 neutrones. Se conoce también un grupo de 26 elementos "artificiales" más pesados que el uranio denominados transuránicos. Estos elementos, que no existen en estado natural, todos son "fabricados" por el hombre van desde el neptunio-93 hasta el ununoctio-118.

Un átomo es eléctricamente neutro cuando el número de protones contenidos en el núcleo es igual al número de electrones que giran a su alrededor. Si un electrón abandona un átomo, el átomo pierde una carga negativa, queda cargado positivamente y se denomina *ion positivo*.

Lo que distingue un elemento químico de otro es el número de protones que tiene su núcleo, es decir, su número atómico, en tanto que el número de neutrones que contiene su núcleo determina su isótopo. Se denominan isótopos a los átomos de un mismo elemento cuyos núcleos tienen una cantidad diferente de neutrones y por lo tanto difieren en su masa atómica. Es decir, independientemente del número de neutrones que contenga el núcleo, si un átomo tiene 16 protones es oxígeno, si tiene 26 protones es hierro, si tiene 53 protones es yodo, si tiene 92 protones es uranio y no pueden ser otra cosa. Así pues, el núcleo del átomo de hierro, por ejemplo, además de los 26 protones puede tener 28, 30, 31 o 32 neutrones. Por lo que decimos que el hierro es una mezcla de cuatro isótopos: hierro-54, hierro-56, hierro-57 y hierro-58. El hierro que tenemos en las manos contiene los cuatro isótopos en las siguientes proporciones: 5,84%, 91,75%, 2,12% y 0,28% respectivamente.

En la naturaleza existen unos 300 isótopos estables y alrededor de 2.200 isótopos inestables. Los isótopos inestables o radio-isótopos se desintegran emitiendo partículas y/o radiación electromagnética, en tanto que los estables no se desintegran.

MODELO ATÓMICO

Leucipo y su discípulo Demócrito, quienes vivieron unos 450 años antes de Cristo pensaron que la materia estaba constituida por una unidad fundamental. Basaron su razonamiento en el hecho de que un trozo de cualquier material puede dividirse en dos partes y si cada parte se vuelve a dividir muchas veces, llegará el momento en que se obtienen partículas tan pequeñas que ya no será posible dividir. Es decir, la materia no puede dividirse indefinidamente, debe existir una partícula límite. A esta partícula muy pequeña, invisible e indestructible la llamaron *átomo* que en griego significa precisamente indivisible.

Además, Leucipo supuso que las propiedades de la materia estaban determinadas por la forma y dimensiones de sus átomos y que los átomos se agrupaban en distintas proporciones para formar materiales diferentes.

Así, los atomistas afirmaban que todo estaba compuesto por átomos y vacío. El vacío o la nada, era el espacio que debía existir entre un átomo y otro. De no existir la nada, la materia sería una masa continua. Esta teoría, eminentemente materialista, posteriormente no fue bien acogida por la Iglesia.

El concepto de vacío contradecía el pensamiento de Aristóteles, el filósofo griego más influyente de la época. Aristóteles, argumentaba que lo propuesto por Demócrito no tenía sentido, ya que el espacio por sí solo no existe, el espacio está confinado por el objeto que lo ocupa, si no hay objeto no hay espacio, por lo que el vacío no podía existir.

Aristóteles, afirmaba que la materia era simplemente una masa continua compuesta por cuatro sustancias básicas llamadas *elementos*: tierra, aire, agua y fuego; y que toda la materia estaba hecha por la asociación de estas cuatro sustancias en proporciones distintas.

Su teoría era mejor comprendida y aceptada en vista de que, a diferencia de la teoría atómica, los cuatro elementos se podían sentir, ver y tocar, por lo que su propuesta tuvo más fuerza que la de Demócrito y prevaleció durante los dos milenios siguientes.

Aquí hay que acotar que los filósofos y pensadores griegos no se valían del método experimental, no comprobaban sus afirmaciones. Llegaban a conclusiones mediante la observación y siguiendo un razonamiento aparentemente lógico. Se tuvo que esperar hasta el siglo XVI cuando Galileo Galilei introdujo el método experimental.

Galileo, considerado el padre de la revolución científica, fue un hombre del Renacimiento. Nació en Pisa en 1564 y falleció en Arcetri, Florencia, en 1642. A lo largo de su vida se interesó por casi todas las ciencias y las artes: astronomía, matemáticas, ingeniería, física, música, literatura, pintura , entre otras. Por medio de sus trabajos experimentales estableció el moderno método científico. Sus conclusiones lo llevaron a enfrentar abiertamente la física aristotélica y a contradecir algunos dogmas de la Iglesia Católica de Roma.

El sacerdote católico, filósofo materialista, astrónomo y matemático francés Pierre Gassendi (1592–1655) fue un ferviente defensor del método científico de Galileo. En 1624 publicó su primera obra *Exercitationes Paradoxicae Adversus Aristotelos* en la que contradecía la visión que Aristóteles tenía del universo. Presentó un extenso tratado atomista *Disquisición metafísica* en el que defendía la idea de que los átomos se desplazan por el vacío, que nada existe en el espacio que los separa y pueden unirse para formar lo que él llamó *moléculas*.

Gassendi, apoyado por los experimentos del físico y matemático Evangelista Torricelli (1608–1647), tuvo buenos argumentos para defender la idea del vacío. Sin embargo, no fue hasta el siglo XIX que la idea de Leucipo y Demócrito logró ser paulatinamente aceptada por el mundo científico.

Gassendi, trató de reconciliar el atomismo materialista con la doctrina cristiana, afirmando que los átomos eran obra de Dios, lo que mostraba una evidente subordinación de la razón a la fe.

Teoría atómica de Dalton

John Dalton (1766–1844), uno de los más importantes científicos británicos, nació en una familia de cuácaros en el pueblo de Eaglesfield, Inglaterra. A la edad de 19 años se hizo cargo, junto a su hermano Jonathan, de una escuela para cuácaros en Kendal. Decepcionado por las limitadas oportunidades que le ofrecía su empleo y para satisfacer su vocación científica y ganar algo de dinero extra, comenzó a dictar conferencias localmente.

Su prestigio y sus conferencias gradualmente se extendieron hasta llegar a Manchester, cuidad que lo acogió durante el resto de su vida. En 1793 llegó a ser profesor de matemáticas y filosofía en la universidad New College.

En Manchester, Dalton fue conocido por ser ciego para algunos los colores, un defecto genético que para la fecha no había sido identificado. Tanto él como su hermano no podían distinguir el azul y el rosa. En 1794, ante la Literary and Philosophical Society de Manchester explicó detalladamente el síndrome, que se llegó a conocer como *daltonismo*.

De muy joven, Dalton mostró gran interés por la meteorología y por las propiedades de los gases. Estudió la relación entre volumen, presión y temperatura; y la forma en que se disuelven en el agua. En 1801 ya había descubierto la ley de las presiones parciales.

Dalton retomó las antiguas ideas del atomismo y reafirmó el concepto de la discontinuidad de la materia. En 1808 publicó su teoría atómica basada en los siguientes enunciados:

— Los elementos están formados por partículas materiales aisladas, indestructibles e indivisibles llamadas átomos.
— Todos los átomos de un mismo elemento son iguales y diferentes de los átomos de otros elementos.
— Los compuestos se forman mediante unión la de átomos de diferentes elementos en una relación numérica simple.

La teoría de Dalton, que inicialmente sólo era una hipótesis de trabajo, con el tiempo se convirtió en pilar fundamental del desarrollo de la ciencia y a principios del siglo XX, al darse a conocer pruebas irrefutables de la existencia del átomo, fue aceptada por la comunidad científica. En esa época, también se determinó que el átomo no era un simple bloque constitutivo de la materia, sino una entidad bastante más compleja formada por partículas simples.

Uno de los primeros científicos que aceptó la teoría atómica y reafirmó la teoría de Dalton fue el químico sueco Jöns Berzelius (1779–1848), quien llevó a cabo una serie de experimentos conducentes a determinar las proporciones con que se combinan los elementos químicos.

Basándose en las proporciones observadas, Berzelius pudo hacer una tabla razonablemente exacta del peso atómico de los 40 elementos conocidos para la época.

Otro químico que contribuyó a fortalecer la teoría atómica fue el francés Louis Gay-Lussac (1778–1850), quien en 1809 determinó que los gases se combinan en proporciones simples. Dos volúmenes de hidrógeno se combinan con un volumen de oxígeno para formar dos volúmenes de vapor de agua. Otros experimentos realizados por el investigador italiano Amadeo Avogadro, lo condujeron a publicar, en 1811 la hipótesis de que volúmenes iguales de distintas sustancias gaseosas sometidas a las mismas presión y temperatura, contienen el mismo número de partículas.

DESCUBRIMIENTO DEL ELECTRÓN Y EL PROTÓN

El físico británico Joseph John Thomson (1856–1940) fue,

después de Dalton, el segundo científico en proponer un modelo atómico, descubrió el electrón y los isótopos e inventó el espectrómetro de masa.

Thomson obtuvo los primeros indicios de la existencia de partículas subatómicas en 1897 cuando estudiaba la conductividad eléctrica de los gases a baja presión.

En condiciones normales los gases son aislantes, sin embargo, si sometidos a altos voltajes se vuelven conductores y por ellos fluye una corriente eléctrica. Si se coloca un gas a baja presión en un tubo de vidrio y se aplican varios miles de voltios entre dos electrodos colocados en los extremos del tubo, se produce luz visible. Como se supuso que la luz emanaba del electrodo negativo o cátodo, se llamaron *rayos catódicos*.

Thomson, observó que los rayos catódicos eran desviados por un campo eléctrico. La forma en que se desviaban indicaba que estaban formados por partículas con carga negativa, a las que llamó *electrones*. Los electrones fueron las primeras partículas subatómicas descubiertas.

Thomson concebía el átomo como una masa esférica cargada

positivamente. En su interior, distribuidos de alguna manera estaban incrustados como las semillas de una sandía, los electrones. La carga negativa de los electrones era igual a la carga positiva de la esfera, por lo cual, el átomo se mostraba eléctricamente neutro. Si se aplicaba suficiente energía, los electrones incrustados podían ser arrancados de la esfera, lo cual explicaba el por qué en el tubo de descarga se producía un flujo de electrones.

Thomson había descubierto los electrones, pero desconocía la existencia de los protones y los neutrones, por lo que su modelo atómico no incluía estas partículas. Pero el simple hecho de haber determinado que en los átomos existe una masa con carga eléctrica positiva y partículas con carga eléctrica negativa que podían ser arrancadas, contradecía la teoría que postulaba que los átomos eran indivisibles.

Thomson construyó un aparato que le permitía conocer la relación entre la carga eléctrica y la masa del electrón, con lo que pudo determinar que el electrón es una partícula muy liviana, 1837 veces más liviana que el átomo de hidrógeno.

También analizó los rayos positivos descubiertos anteriormente por el físico alemán Eugen Goldstein (1860–1930) y determinó que mediante la utilización de campos eléctricos y magnéticos, se podían separar átomos de diferentes masas. Con ello había nacido la espectrometría de masa, la que utilizó para descubrir que el gas neón posee dos isótopos, el neón-20 y el neón-22. Lo que significaba que átomos de un mismo elemento pueden tener masas distintas.

En la década de 1870 Goldstein, al estudiar la descarga eléctrica en gases a baja presión, determinó que en el tubo se producía unos rayos que viajaban en sentido contrario a los descubiertos por Thomson. Puesto que se dirigían hacia el cátodo, debían ser partículas positivas cuya presencia era necesaria para justificar que el átomo era eléctricamente neutro.

Al estudiar estos rayos, Goldstein calculó la razón carga/masa y encontró que la masa dependía del gas que contenía el tubo. Este hecho indicaba que las partículas positivas emergían del gas y no del electrodo positivo o ánodo.

Experimentando con el hidrógeno, logró aislar la partícula conocida hoy como *protón* y determinó que su carga, aparte de ser positiva, era igual a la del electrón. Estos rayos, llamados *anódicos*, se forman cuando los electrones que viajan hacia el ánodo chocan con los átomos del gas y lo ionizan arrancándoles electrones. Los átomos ionizados, por tener carga positiva se dirigen hacia el cátodo. Los trabajos de Goldstein fueron por mucho tiempo ignorados por la comunidad científica y el descubrimiento del protón le fue atribuido a Ernest Rutherford.

Desde 1918 y durante 22 años, Thomson fue director del Trinity College de Cambridge. Por sus logros teóricos y experimentales fue merecedor del premio Nobel de física en 1906. Falleció en agosto de 1940 y fue enterrado con honores en la Abadía de Westminster cerca de la tumba donde reposan los restos de Sir Isaac Newton.

LOS ELEMENTOS QUÍMICOS

El químico ruso Dimitri Ivánovich Mendeleiev (1834–1907) es conocido por elaborar la llamada tabla periódica de los elementos químicos. En dicha tabla, se observa que las propiedades de los elementos se repiten periódicamente en función de su peso atómico, lo cual le permitió clasificarlos. En 1864, la utilizó para corregir las propiedades de algunos elementos ya descubiertos y predijo las propiedades de ocho elementos que aún estaban por descubrirse.

En 1869, presentó la primera tabla periódica de los elementos a la Sociedad Química de Rusia. En ella se mostraban los 63 elementos conocidos ordenados de acuerdo a su peso atómico[1].

En esa época faltaban muchos elementos por descubrir, por lo que su tabla presentaba bastantes lagunas. Fue tanta la confianza que le tuvo a sus investigaciones que se atrevió a completarla con elementos nuevos, cuyas propiedades físicas y químicas deducía y hasta puso nombres provisionales a cada uno de los elementos faltantes.

Para formar los nombres provisionales, utilizó los prefijos *eka*, *dvi* y *tri* tomados de las palabras en sánscrito cuyo significado es uno, dos y tres, dependiendo de si el elemento que había pronosticado llenaba la laguna que se encontraba uno, dos o tres lugares

---

[1]Actualmente la tabla periódica está ordenada en función del número atómico.

más abajo del elemento conocido de su tabla.

En la medida en que los elementos faltantes se iban descubriendo se ubicaban en la tabla y se confirmaba que sus propiedades coincidían perfectamente con las predicciones de Mendeleiev, por lo que su tabla adquirió gran notoriedad. ¡Ya nadie se atrevía a dudar de ella!

A Mendeleiev le llamó especial atención tres lagunas: la primera situada junto al boro, la segunda junto al aluminio y la tercera junto al silicio, a las que rellenó con tres elementos que llamó eka-boro, eka-aluminio y eka-silicio. El eka silicio fue reemplazado algunos años después por el germanio, un nuevo elemento con propiedades muy similares al silicio. El galio reemplazo el eka-aluminio y el escandio, el eka-boro. El último elemento estable en descubrirse fue el renio, que correspondía al dvi-magnesio.

En 1871, Mendeleiev también predijo que entre el torio y el uranio debía existir un elemento con número atómico 91. Ese lugar fue ocupado por el protactinio, un elemento radiactivo que fue identificado 43 años después.

La tabla periódica de Mendeleiev vino a confirmar lo que cincuenta años antes, en 1815, había afirmado el científico inglés William Prout (1785–1850), quien sostenía que al tomar el peso atómico del hidrógeno como unidad, el peso de cada elemento era un múltiplo entero del peso del hidrógeno. Por lo cual, estableció la hipótesis de que existía sólo un átomo fundamental, el de hidrógeno, y que los elementos estaban formados por agrupaciones de este átomo. Así, el átomo de carbono estaba formado por 12 átomos de hidrógeno, el de oxigeno por 16, el de sodio por 23. Sin embargo, pronto se demostró que tal relación no era estrictamente exacta.

Aunque hoy sabemos cuan cerca estaba de la verdad, para la época su propuesta no fue aceptada. Para reivindicar el nombre de William Prout, en 1920 Ernest Rutherford llamó protón a la recién descubierta partícula.

Las propiedades químicas de los elementos son determinadas fundamentalmente por la disposición de los electrones en la capa externa de sus átomos. Su periodicidad se debe al hecho de que los elementos con propiedades afines, tienen la misma distribución electrónica en esa capa.

MODELO ATÓMICO DE RUTHERFORD

El descubrimiento de los rayos X, de la radiación nuclear y del electrón, abrieron las puertas para que muchos científicos se interesaran por el mundo subatómico. Profundizando en el tema, determinaron que el modelo atómico de Thomson no podía explicar ciertos resultados experimentales obtenidos por destacados investigadores entre los que se encontraba Ernest Rutherford, el físico que más contribuyó a aclarar la estructura del átomo.

Ernest Rutherford, hijo de un granjero escocés y una maestra inglesa, nació en una comunidad rural de Nueva Zelanda en 1871. De muy joven se destacó por su capacidad para la aritmética. En el Nelson Collage terminó en primer lugar en todas las asignaturas, gracias a lo cual ingresó en la Universidad, en el Canterbury Collage. En esa época ya empezó a manifestar su genialidad para la experimentación. Después de obtener el título de Bachelor of Science, se trasladó a Gran Bretaña para continuar sus estudios en los Laboratorios Cavendish de Cambridge bajo la dirección Thomson, a quien reemplazaría años más tarde.

Desde 1895 y durante tres años, continuó con las investigaciones que había iniciado en Nueva Zelanda. Empleaba ondas de radio frecuencia que Hertz había utilizado sólo seis años antes, para demostrar las propiedades magnéticas del hierro. Construyó un receptor de ondas de radio y, al mismo tiempo que Guillermo Marconi en Italia, realizó experimentos de transmisión inalámbrica.

Su tutor, Thomson, lo encaminó hacia las investigaciones relacionadas con los recién descubiertos rayos X y su poder ionizante.[2]

En 1898, cuando contaba con sólo 27 años, le ofrecieron una cátedra de física en Universidad McGill de Montreal, Canadá. Allí, realizó investigaciones con el físico británico Frederick Soddy y pronto se interesó por la radiactividad, poco antes descubierta por el físico francés Henri Becquerel.

Rutherford y Soddy determinaron que la energía térmica liberada en una reacción nuclear es de 20.000 a 100.000 veces mayor

---

[2]La ionización, es un procedimiento mediante el cual se producen iones. Los iones son átomos o moléculas cargadas eléctricamente debido al exceso o falta de electrones respecto a un átomo o molécula neutra.

que la liberada en una reacción química, lo que los llevó a suponer que la energía entregada por el Sol podría provenir de eventos nucleares.

Llamó su atención el hecho de que, al igual que los rayos X, las partículas emitidas por el uranio tenían poder ionizante y los átomos de un elemento radiactivo podían convertirse en otro elemento. Este hecho causó revuelo en la comunidad científica, era contrario al principio de la indestructibilidad de la materia. Hasta Pierre Curie, el físico francés precursor en el estudio de la radiactividad, demoró dos años en aceptarlo.

Rutherford también determinó que el uranio emitía dos tipos de radiaciones, una más penetrante que la otra. Llamó radiación alfa (α) a la menos penetrante, radiación beta (β) a la más penetrante. Una radiación aún más penetrante descubierta en 1900 por el químico francés Paul Villard fue llamada radiación gamma (γ).[3]

Asimismo, los dos físicos develaron el misterio de la energía inagotable que parecía emerger de los elementos radiactivos. Descubrieron que los átomos de un elemento radiactivo con el tiempo se van desintegrando siguiendo unas reglas muy precisas. Así, por ejemplo, una vez transcurridos 1.602 años, la mitad de los átomos de una muestra de radio se habrán convertido en radón. En consecuencia, después de ese lapso, la energía emitida por la muestra se habrá reducido a la mitad. Después de otros 1.602 años se habría reducido a la cuarta parte, etc., lo que indica que el radio emite energía por mucho tiempo, pero no es inagotable.

Se convino en llamar *período de semidesintegración* o *vida media* al tiempo requerido para que la mitad de los átomos presentes en una muestra se transformen.

Este hecho también evidencia que el elemento radio, que actualmente se encuentra en la Tierra, no existía cuando nuestro planeta se formó. Su presencia se debe a que se está produciendo continuamente y al mismo tiempo se está desintegrando. Actualmente se sabe que el radio proviene de la desintegración del uranio, cuyo periodo de semidesintegración es mucho mayor.

En 1907, tras recibir la plaza de profesor en la Universidad

---

[3]La partícula alfa está formada por dos protones y dos neutrones, la partícula beta es un electrón y la radiación gamma es energía electromagnética pura. Los tres tipos de radiaciones provienen del núcleo del átomo.

de Manchester, Rutherford regresó a Inglaterra y permaneció en esa Universidad hasta 1919. Allí, él y su grupo de investigación entre los que se encontraba Hans Geiger, un estudiante de sólo 20 años que posteriormente fue miembro del Club del Uranio alemán, lograron desarrollar un instrumento que detectaba las radiaciones. El instrumento fue prototipo del futuro contador Geiger.

Con este instrumento pudieron hacer las mediciones que le permitieron calcular el número de átomos presentes en una muestra de radio y comprobar que las partículas alfa eran idénticas a los núcleos de un átomo de helio. Por esto y otros muchos descubrimientos, Rutherford fue galardonado con el Premio Nobel de Química en 1908.

En 1911, Hans Geiger y Ernest Mardsen, un físico británico que durante la Segunda Guerra Mundial colaboró en el desarrollo del radar, retomaron un experimento que ellos y Rutherford había iniciado en Canadá. Dispararon partículas alfa contra una lámina muy delgada de oro y observaron que la mayoría las partículas la atravesaban sin sufrir alteración alguna, una pequeña porción era desviada en diferentes direcciones y algunas, muy pocas, rebotaban como una pelota contra una pared.

Si el modelo atómico de Thomson fuera correcto, todas las partículas al atravesar un átomo formado por una masa homogénea de cargas positivas y negativas, debían sufrir una ligera desviación. Sin embargo esto no ocurría, el modelo atómico de Thomson debía ser modificado.

El "comportamiento" de las partículas alfa le permitió a Rutherford formular la hipótesis de que en el centro del átomo debía existir un núcleo que contenía casi toda la masa y toda la carga positiva y los electrones con carga negativa giran a su alrededor.

En este modelo, comparable a un pequeño sistema solar, en el núcleo se concentra el 99,98% de la masa del átomo y los electrones, que orbitan a la distancia de unos 10.000 diámetros nucleares, determinan su tamaño.

En 1914, tras el estallido de la Primera Guerra Mundial, Rutherford orientó sus investigaciones hacia el desarrollo de un detector de submarinos utilizando el sonido. El instrumento que produjo fue el precursor del sonar.

En 1919, siguiendo la misma línea de investigación, bombardeó átomos de nitrógeno con partículas alfa y notó que el nitrógeno se convertía en oxígeno. De la transmutación se generaba un nuevo tipo de radiación consistente en una partícula de masa similar al átomo de hidrógeno y carga positiva, a la que llamó protón.

Con este experimento, Rutherford había realizado la primera transmutación artificial, lo que dio origen a una nueva rama de la ciencia: la física nuclear: Se aceptó universalmente que los procesos radiactivos son fenómenos nucleares y que el elemento químico que emite radiaciones puede transformarse en otro elemento.[4]

Con la transmutación artificial se había concretado el sueño de muchos alquimistas de la Edad Media, la de convertir metales en oro. Actualmente el mercurio puede trasformarse en oro, pero el costo de la transmutación no lo hace económicamente viable. Cuesta muchísimo menos comprarlo en la joyería.

Cuando Rutherford propuso a la comunidad científica su modelo atómico, las únicas partículas subatómicas conocidas eran el electrón y el protón, por lo que supuso que el núcleo debía estar formado por protones. Sin embargo, los resultados experimentales mostraban que el núcleo tenía una masa mayor, por lo que en 1920 predijo que en el núcleo debía existir una nueva partícula sin carga eléctrica. Hubo que esperar más de diez años para que dicha predicción se confirmara.

En 1919, Rutherford sucedió a Thomson en la dirección del Laboratorio Cavendish, donde permaneció hasta 1937. Bajo su dirección, James Chadwick descubrió el neutrón; Niels Bohr demostró que el modelo atómico propuesto por Rutherford era estable; Henry Moseley comprobó que el número de electrones en órbita es igual al número de cargas positivas contenidas en un núcleo y Robert Oppenheimer, el padre de la bomba atómica, era uno de los estudiantes más sobresalientes del Laboratorio.

En 1931, Rutherford fue nombrado primer Barón de Nelson, lo que le dio derecho a sentarse en la Cámara de los Lores.

Tras haberse herido podando algunos árboles, ingreso al hospital para ser sometido a una pequeña intervención quirúrgica. Ya en casa, se agravó repentinamente y murió el 19 de octubre de

---

[4]El núcleo de un átomo al emitir una partícula alfa pierde cuatro unidades de masa y dos cargas positivas, por lo que se desciende dos lugares en la tabla periódica. Cuando emite una partícula beta su peso permanece "inalterado"pero gana una carga positiva, por lo que sube un lugar en la tabla periódica.

1937 a la edad de 66 años. Sus restos reposan en la Abadía de Westminster junto a los restos de Sir Isaac Newton y J.J.Thomson.

DESCUBRIMIENTO DE LOS ISÓTOPOS

Otro descubrimiento que contribuyó a completar el modelo atómico de Rutherford lo aportó Francis Aston (1877–1945), físico y químico británico. En 1909, en los Laboratorios Cavendish de Cambridge, Aston descubrió que un mismo elemento químico puede tener masas distintas.

Hizo el descubrimiento cuando trataba de medir el valor de la relación carga/masa (e/m) de los iones. Sabía que las partículas con la misma carga eléctrica que se mueven con la misma velocidad en un campo eléctrico, sufren menor desviación mientras mayor sea su masa. Este es el fundamento del espectrógrafo de masas, instrumento que el mismo había inventado.

Con su instrumento demostró que el oxígeno estaba compuesto por átomos de peso diferente. Algunos tenían una masa equivalente a 16 veces la masa del núcleo del hidrógeno en tanto que en otros lo era 17 veces. La explicación a este fenómeno la aportó James Chadwick unos diez años más tarde, a quien nos referiremos en las próximas páginas. Aston logró identificar 212 de los 287 isótopos naturales, por lo cual, en 1922, le fue otorgado el Prenio Nobel de Química y en 1935 fue electo presidente del Comité Atómico Internacional.

DESINTEGRACIÓN ATÓMICA Y LAS FAMILIAS RADIOACTIVAS

El científico británico Frederick Soddy (1877–1956) obtuvo su licenciatura en el Menton Collage de la Universidad de Oxford, donde se graduó en 1898 con honores de primera clase en química. Dos años después ya en Canadá, trabajó como auxiliar de laboratorio en la Universidad McGill, en Montreal y formó parte del grupo dirigido por Rutherford.

De regresó a Inglaterra fue docente en Glasgow y Aberdeen, y a partir de 1919 en la Universidad de

Oxford en la cátedra de química, donde permaneció hasta 1936.

A lo largo de sus investigaciones identificó 45 elementos radiactivos, pero en la tabla periódica de Mendeliev sólo quedaba espacio para una docena de ellos. Por lo cual, colocó los elementos afines en el mismo lugar y los denominó *isótopos*, término formado por las raíces griegas *isos* –igual– y *topos* –lugar–, es decir, en el mismo lugar. Además, encontró que los elementos químicos no radiactivos también podían tener múltiples isótopos.

Actualmente, en la tabla periódica, los elementos químicos están ordenados de acuerdo a su número atómico, es decir, al número de protones que contiene su núcleo, aun cuando su masa pueda ser distinta por tener diferente número de neutrones.

Soddy y Rutherford lograron explicar el fenómeno de la radiactividad y formularon la *Ley de Soddy* o ley de los desplazamientos radiactivos. Esta ley, anuncia que los átomos pesados son inestables y buscan estabilidad expulsando de su núcleo cierta cantidad de masa y carga para convertirse en nuevos elementos.

La ley de Soddy confirma lo que había formulado diez años antes el estadounidense pionero de la radioquímica Bertram Boltwood (1870–1927), quien afirmaba que los elementos radiactivos no son sustancias aisladas e independientes, sino que forman parte de una cadena de desintegración que tiene un elemento radiactivo inicial y termina en un elemento estable.

Dos de los elementos que dan inicio a cadenas radiactivas son el uranio y el torio, que después de sufrir múltiples desintegraciones derivan hacia un elemento estable, el plomo. Este hecho, llevó a Boltwood a afirmar que la edad de la Tierra podía ser determinada si se medía la cantidad de plomo existente en su corteza.

Por sus valiosos aportes sobre la radioquímica y por sus investigaciones sobre la existencia y naturaleza de los isótopos, Soddy fue galardonado en 1921 con el premio Nobel de Química. Falleció en la ciudad de Brighton, Reino Unido, a los 79 años.

En busca del neutrón

La historia de esta partícula empezó con los experimentos llevados a cabo por los físicos alemanes Walther Bothe y Herbert Becker en 1909. Estos investigadores, notaron que al bombardear materiales livianos como boro, berilio o litio con partículas alfa emitían radiaciones muy penetrantes. Al principio supusieron que eran rayos gamma de alta energía, luego comprobaron que se trataba de partículas que podían atravesar grandes espesores de materiales pesados sin sufrir mucha atenuación.

Posteriormente en el Instituto del Radio de París, los esposos Frederic Joliot e Irene Curie, yerno e hija de Marie Curie, también decidieron averiguar las propiedades de estas radiaciones y la forma en que eran absorbidas. Reportaron que al bombardear berilio con partículas alfa se producían radiaciones que no tenían carga eléctrica y eran fuertemente atenuadas por materiales con alto contenido de hidrógeno como el agua y la parafina.

No fue hasta 1932 cuando el físico británico James Chadwick (1891–1974), quien trabajaba en el Laboratorio Cavendish, pudo determinar sus naturaleza. Chadwick, obtuvo su licenciatura en 1911 en la Universidad de Manchester siendo su tutor Ernest Rutherford. Completó su formación en Berlín bajo la dirección de Hans Geiger. Ocho años después volvió Cambridge para incorporarse al equipo de investigación dirigido por Rutherford.

Para la época, se sabía que el átomo de hidrógeno contenía un solo protón y que el átomo de helio contenía dos protones, por lo tanto, la relación entre sus masas debía ser 1:2. Sin embargo, los experimentos demostraban que la relación era de 1:4. Este hecho llevó a Rutherford a pensar que en el núcleo del átomo de helio debía existir otra partícula con masa y sin carga o que el núcleo lo formaban cuatro protones y dos electrones.

En uno de sus experimentos, Chadwick bombardeó con partículas alfa una lámina delgada de berilio y comprobó que el metal emitía un tipo diferente de partícula, a la que llamó *neutrón*, debido a que se mostraban eléctricamente neutras y con masa ligeramente superior a la del protón.

Este hallazgo explicaba la relación de masas: el núcleo de hidrógeno estaba formado por un protón en tanto que el núcleo de helio estaba formado por dos protones y dos neutrones, por lo tanto se cumplía la relación de masas 1:4.

Chadwick comprendió que la partícula identificada por los científicos alemanes Bothe y Becker era la misma misteriosa partícula pronosticada por Rutherford y la misma partícula que él y muchos otros científicos estuvieron buscando durante tantos años, que por no tener carga eléctrica dificultó su descubrimiento.

Posteriormente se comprobó que, con la excepción de uno de los isótopos del hidrógeno, el núcleo de todos los átomos está constituido por dos tipos de partículas, los protones y los neutrones.

Chadwick no continuó investigando la función del neutrón en el núcleo, se limitó a publicar el resultado de sus investigaciones en la revista Nature. Fue el físico alemán Werner Heisenberg, el precursor de la física cuántica, quien se interesó por la partícula recién descubierta. Por sus descubrimientos, a Chadwick le fue otorgado en 1935 el Premio Nobel de Física. Aquí cabe mencionar que el físico alemán Hans Falkenhagen, había descubierto el neutrón al mismo tiempo, por lo cual Chadwick lo invitó a compartir el Premio Nobel, pero Falkenhagen no aceptó la invitación.

Antes del descubrimiento del neutrón para bombardear el núcleo de los átomos sólo disponían de partículas alfa y protones, ambas con carga positivas. A estas partículas, había que suministrarle la energía suficiente para vencer la repulsión del núcleo y penetrar él con fuerza para "romperlo". En cambio los neutrones, por ser eléctricamente neutros no eran rechazados por las fuerzas eléctricas del núcleo, simplemente seguían su recorrido en línea recta sin que ésta fuera alterada.

Con el fin de penetrarlos y romperlos, los neutrones fueron utilizados para bombardear núcleos de átomos pesados. Esta acción provoca la fisión o rotura del núcleo del uranio-235, un procedimiento empleado para liberar energía atómica y producir una explosión nuclear.

Al ver abierta esta posibilidad, Chadwick escribió:

> *Cuando comprendí que la creación de la bomba atómica no sólo era posible, sino ya era inevitable, empecé a tomar somníferos. Era el único remedio.*

A pesar de su escrito, en 1945 formó parte del Proyecto Manhattan y a partir de 1946 fue asesor de la Comisión de la Energía Atómica de las Naciones Unidas. Falleció en Cambridge, Inglaterra, en 1974, a la edad de 83 años.

El Proyecto Manhattan, era el nombre en clave de un proyecto secreto de investigación realizado durante la Segunda Guerra Mundial por Estados Unidos, Canadá y el Reino Unido, que tenía por objeto producir la bomba atómica antes que la produjeran los alemanes.

EL MODELO CUÁNTICO DEL ÁTOMO

El físico danés Niels Bohr sabía que el modelo atómico de Rutherford presentaba ciertas contradicciones. No explicaba por qué los electrones con carga negativa no son "captados" por el núcleo que tiene carga positiva y no explicaba cuál es el misterioso mecanismo que mantiene unidos los protones en el núcleo, que por ser cargas positivas deberían disgregarse.

En 1913, apoyándose en el modelo atómico de Rutherford creó su propio modelo, el modelo cuántico del átomo, donde se establece:

1. Los electrones giran alrededor del núcleo en órbitas estacionarias sin emitir energía.[5]

2. Los electrones giran alrededor del núcleo en órbitas bien definidas y permanecen en ellas a menos que emitan o absorban un cuanto. Cuando lo hacen, saltan de una órbita a otra. A cada órbita le corresponde una energía específica y no existen órbitas intermedias. Los electrones de las órbitas internas tienen menor energía que los de las órbitas externas.

3. Si un electrón salta de una órbita externa a una interna debe emitir la energía sobrante en forma de un cuanto. Para que un electrón pueda saltar de una órbita interna a una externa debe absorber un cuanto, cuya energía corresponda a la diferencia entre las órbitas.

Las órbitas pueden admitir cierto número de electrones y si están completas no pueden admitir más. Los electrones de un mismo elemento químico están distribuidos en las órbitas de la misma forma y con los mismos niveles de energía, por lo que la distribución es única.

---

[5]La física clásica de Newton y Maxwell no podía explicar por qué un electrón en órbita, siendo una carga que se acelera, no emite radiación electromagnética, no pierde energía, ni termina siendo absorbido por el núcleo. La teoría cuántica establece que los electrones sólo emiten o absorben energía en cantidades discretas o paquetes de energía llamados cuantum o fotones. El fotón no es más que un "paquete" de energía electromagnética.

 Un complemento a la teoría cuántica fue suministrado por el físico francés Louis de Broglie, al presentar su tesis doctoral en la Sorbona, por la que obtuvo el Premio Nobel en 1929. De Broglie sugirió que los electrones podían representarse por ondas que se mueven en las órbitas como lo haría una serpiente mordiéndose la cola. Posteriormente, fue demostrado que los electrones se comportan como partículas y como ondas.[6] Por tal motivo, con los conocimientos actuales es muy difícil "entender" lo que realmente es un electrón.

La razón por la cual los electrones en la órbita más cercana al núcleo no son absorbidos, la aportó diez años más tarde el estudiante más destacado de Bohr, Werner Heisenberg, por medio de su principio de incertidumbre.

Niels Bohr es una de las figuras más relevantes de la física contemporánea. Su modelo atómico permitió explicar tanto la estabilidad del átomo como sus propiedades de emisión y de absorción de la radiación.

Bohr obtuvo el doctorado en la Universidad de Copenhague en 1911. Para profundizar sus estudios, se trasladó al Laboratorio Cavendish de Cambridge donde trabajó con J.J. Thomson. Luego se trasfirió a Manchester donde tuvo como maestro a Ernest Rutherford, con quien estableció una larga relación científica y amistosa.

En 1943, cuando la Segunda Guerra Mundial estaba en pleno apogeo, Bohr se refugió en Londres. Luego se trasladó a Estados Unidos para formar parte del Proyecto Manhattan. Al terminar la guerra regresó a Dinamarca, donde abogó por el desarme nuclear, formó parte del programa *Atomos para la Paz* y participó en la creación del *Centro Europeo para la Investigación Nuclear* (CERN) con sede en Ginebra, Suiza.

Por sus aportes conducentes a la comprensión de la estructura atómica fue galardonado con el Premio Nobel de Física en 1922. Murió de un ataque cardíaco en noviembre de 1962 a la edad de 77 años.

---

[6]Este fenómeno se conoce como la dualidad onda-corpúsculo, también llamada dualidad onda-partícula.

INTERACCIÓN NUCLEAR

En el núcleo del átomo existen protones y neutrones. Los protones tienen cargas positivas y los neutrones son eléctricamente neutros. En el caso del uranio, por ejemplo, hay una aglomeración de 92 protones que no se dispersan porque existe una fuerza que los mantiene unidos, la *fuerza nuclear fuerte* que sólo actúa a distancias nucleares. Por lo tanto, los protones están sujetos a una fuerza de repulsión que tiende a separarlos y la fuerza nuclear fuerte que los mantiene unidos.

Si por alguna razón un protón llegara a separarse del núcleo, la fuerza de repulsión dominaría y el protón sería repelido por la carga del núcleo. Esta es la razón por la cual los núcleos atómicos tienen que ser tan pequeños, ya que la fuerza nuclear fuerte sólo los puede mantener unidos mientras las distancias sean pequeñas.

EL LABORATORIO CAVENDISH

Muchos de los descubrimientos relacionados con la estructura atómica y la radiactividad descritos anteriormente fueron realizados por científicos del Laboratorio Cavendish de la Universidad de Cambridge.

El Laboratorio Cavendish fue y sigue siendo una de las instituciones científicas más acreditadas del mundo. Desde que en 1901 fue instaurado el Premio Nobel, muchos de sus científicos fueron acreditados con el premio en física y química.

William Cavendish, duque de Devonshire, fue un acaudalado caballero amante de la ciencia. Se comprometió a financiar un laboratorio de investigación si la Universidad de Cambridge estaba dispuesta a fundar una cátedra de física experimental. Cuando en 1874 la cátedra inició sus actividades, el duque recibió la grata noticia de que el laboratorio llevaría su nombre.

Desde su fundación, en él se realizaron asombrosos hallazgos relacionados con la estructura del átomo: En 1897 se descubrió el electrón, en 1919 la fisión de núcleo atómico, se identificaron losisótopos de los primeros elementos de la tabla periódica, en 1953 se develó la intrincada estructura del ADN y en 1967 se descubrieron los pulsares o estrellas de neutrones.

Su primer director fue el escocés James Clerk Maxwell, el físico más destacado que vivió entre la época Newton y la de Einstein. Su principal aporte fueron cuatro ecuaciones matemáticas;

las ecuaciones de Maxwell que describen todos los fenómenos electromagnéticos. Estas ecuaciones ayudaron a consolidar la reputación del Laboratorio, dado que contribuyeron al desarrollo de la telegrafía, que para esa época en Gran Bretaña se hallaba en pleno auge.

Después del fallecimiento de Maxwell, que ocurrió en 1879, un joven de 28 años tomó su puesto, se llamaba Joseph John Thomson. A él se le atribuye el comienzo de la segunda revolución científica de la física ocurrida entre los años 1897 y 1933. La primera revolución se había iniciado en 1543 a raíz de las divulgaciones de Copérnico y concluyó en 1687 con la publicación de incalculable valor *Principia Matemática* de Isaac Newton.

El Laboratorio Cavendish obtuvo sus mayores éxitos en 1932 cuando Chadwick confirmó la existencia del neutrón, Ernest Walton y John Cockroft, lograron la fisión del núcleo del átomo. Se confirmo además, que cuando un elemento radiactivo emite una partícula se convierte en otro elemento y se descubrieron las leyes que rigen la desintegración nuclear.

Como los impuestos, la radiactividad lleva mucho tiempo con nosotros y en cantidades cada vez mayores; no debe ser odiada ni temida, sino aceptada y controlada.

Ralph Eugene Lapp

LA RADIOACTIVIDAD

El químico alemán Martín Klaproth, quien descubrió en 1789 el uranio y el químico sueco Jöns Berzelius, quien en 1828 descubrió el torio, no tenían la menor idea de que los elementos por ellos hallados producían radiaciones.

Los elementos químicos, cuyos átomos emiten espontáneamente radiaciones como consecuencia de la desintegración de sus núcleos, se dice que son radiactivos. Los átomos radiactivos son inestables; buscan estabilidad entregando energía en forma de radiación corpuscular y electromagnética.

Los experimentos llevados a cabo por Henri Becqerel, los esposos Marie y Pierre Curie, Ernest Rutherford, Niels Bohr, Enrico Fermi, Otto Hahn y tantos otros, han aportado el ingrediente del progreso científico más espectacular del siglo pasado. El descubrimiento de la radiactividad cambió completamente el concepto que se tenía sobre la estructura de la materia y dio origen a un "despertar" científico excepcional en el área de la física y de la química y en especial en la composición de la materia.

DESCUBRIMIENTO DE LA RADIOACTIVIDAD

La radiactividad fue descubierta en 1896 por el físico francés

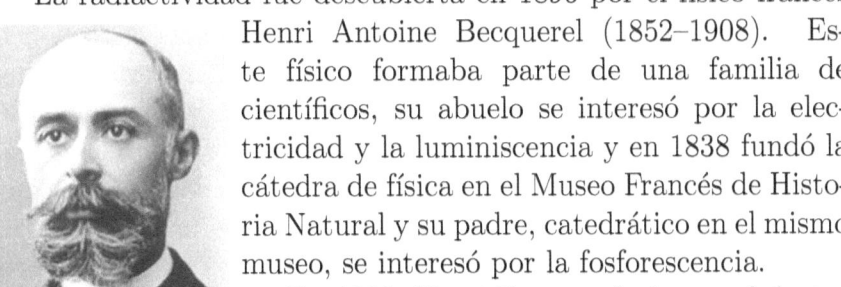

Henri Antoine Becquerel (1852–1908). Este físico formaba parte de una familia de científicos, su abuelo se interesó por la electricidad y la luminiscencia y en 1838 fundó la cátedra de física en el Museo Francés de Historia Natural y su padre, catedrático en el mismo museo, se interesó por la fosforescencia.

En 1888, Henri Becquerel obtuvo el doctorado en Ciencias en la Escuela Politécnica de París. Cuando su padre falleció, lo sustituyó en la cátedra de física y tras la muerte de Henri, la cátedra le fue asignada a su hijo Jean quien no tuvo hijos, por lo cual, la cátedra que había estado en manos de la dinastía Becquerel por cuatro generaciones, se interrumpió.

Para le época, Röntgen había descubierto los rayos X, por lo que era casi obligatorio para la comunidad científica disertar sobre sus propiedades. A Henri le llamó la atención que los rayos X, al incidir sobre las paredes de vidrio del tubo de rayos catódicos, producían una zona fluorescente. Haciendo el razonamiento a la inversa pensó que los materiales fosforescentes, como las sales de uranio, podían producir rayos X. Para verificar su hipótesis envolvió una placa fotográfica con papel negro, colocó una pequeña cruz de cobre sobre la placa y encima de ésta las sales fosforescentes que debían haberse expuesto previamente a la luz solar para que resplandecieran.

Por esos días, el cielo de París se mantuvo encapotado, por lo que no pudo exponer las sales a la luz solar. El primero de marzo de 1896, cansado de esperar, decidió revelar la placa y para su asombro descubrió que en ella aparecía la silueta de la cruz. Era asombroso que el material fosforescente, a pesar de no haber sido expuesto a la luz solar, emitiera radiaciones. Más asombroso aún, fue descubrir que los rayos procedentes de las sales fosforescentes tenía la propiedad de ennegrecer la placa fotográfica, de la misma forma que lo hacían los rayos X. Parecía que de las sales de uranio emanaba energía espontáneamente.

Este descubrimiento accidental no emocionó a Becquerel ni a la comunidad científica. Todos estaban ocupados con la novedad de los rayos X que se habían mostrado útiles para obtener imágenes de los huesos.

Meses más tarde, Becquerel volvió a abordar el tema y realizó algunos estudios sobre el comportamiento de estas radiaciones. Encontró que, al contrario de los rayos X, podían ser desviadas por un campo eléctrico, por lo que dedujo que no eran radiaciones X, sino radiaciones formadas por partículas cargadas y que estas partículas tenían suficiente energía para ionizar los gases. Comprobó, además, que al aumentar la cantidad de uranio, la placa se velaba con más rapidez y que las radiaciones se seguían produciendo independientemente del compuesto químico del uranio. Becquerel había descubierto lo que posteriormente Marie Curie llamó *radiactividad*.

Este descubrimiento fue, sin duda, asombroso y difícil de aceptar. Indicaba que del átomo, considerado indivisible y de estructura muy simple, emanaban partículas subatómicas. Aceptarlo, equivalía a reestructurar el concepto que se tenía de la materia y de su composición.

Por tales motivos, unos meses después de que Röntgen anunciara el descubrimiento de los rayos X y Becquerel encontrara que del uranio emanaban radiaciones, la joven científica polaca, Manya Sklodowska, se interesó por el tema. Para esa fecha escribió:

La investigación promete ser muy interesante debido a que es completamente nueva y nada se ha escrito sobre ella.

Por lo que decidió desarrollarla y utilizarla para su tesis doctoral.

Manya había nacido en Varsovia en 1867. A pesar de ser una estudiante sobresaliente en su país, no tenía la menor posibilidad de asistir a una universidad, pues se encontraba en la zona soviética de una Polonia dividida. Buena parte del país estaba bajo el dominio ruso, se producían continuas revueltas frecuentemente dominadas con violencia, pues trataban de imponer la lengua y las costumbres soviéticas.

A los 24 años, después de muchos esfuerzos logró reunir el dinero para trasladarse a Paris donde continuaría sus estudios en La Sorbona. Durante los primeros tiempos vivía en una fría y húmeda buhardilla y disponía de pocos recursos para alimentarse y vestirse. A pesar de estar culturalmente preparada, tuvo que hacer grandes esfuerzos para dominar el nuevo idioma y para nivelar sus conocimientos de física y matemáticas con el de sus compañeros.

En los pasillos de la universidad, los estudiantes se preguntaban quién era esa joven rubia, tímida, pobremente vestida, de apellido extranjero imposible de pronunciar y que se sentaba siempre en la primera fila. La llamaban la estudiante silenciosa que sólo se interesaba por los libros. No sospechaban que en los próximos años se convertiría en la mujer más ilustre de Francia.

A pesar de su precaria situación, en sólo tres años obtendría una Maestría en Física y Matemáticas. La primera maestría que

La Sorbona otorgara a una mujer.

Manya realizaba sus investigaciones sobre magnetismo en el laboratorio donde trabajaba el físico Pierre Curie, un reconocido investigador dedicado fundamentalmente al estudio de las propiedades magnéticas de ciertos materiales. Luego Pierre se convertiría en su esposo, por lo cual Manya adoptó el nombre de Marie Curie.

La comunidad científica de la época afirmaba que los átomos eran indivisibles e inalterables. Marie no opinaba lo mismo, sospechaba que ocurría algún cambio dentro del átomo de uranio cuando se producía una emisión. Comenzó por averiguar los diversos compuestos químicos que contenían uranio y si en la naturaleza existían otros elementos con características similares. Encontró que el torio también producía radiaciones y para su sorpresa descubrió que de la pechblenda[7] surgían radiaciones 300 veces más intensas que las del uranio. Este hecho, la llevó a pensar que allí debía existir otro elemento desconocido.

Fue este descubrimiento el que alentó a Pierre para que se apartara de su línea de investigación y se dedicara, junto a Marie, a tratar de aislar el nuevo componente de la pechblenda. El método que inicialmente utilizaron fue muy laborioso. Consistía en hacer una solución con la pechblenda a la que se agregaba algún ingrediente precipitante. Se comprobaba entonces si el precipitado, la solución o ambos eran radiactivos.

Si ambos eran radiactivos, se repetía el proceso hasta lograr aislar la parte radiactiva. Utilizando procedimientos químicos comenzaron a separar los elementos. En cada paso la muestra se volvía más pequeña pero la intensidad de las radiaciones permanecía constante. Finalmente, se obtuvo un elemento desconocido hasta entonces, que en honor a su país de origen, Marie lo llamó *polonio*.

Una vez separado el polonio, el resto de la muestra seguía emitiendo radiaciones, lo que indicaba que debía existir un elemento más. Siguieron con el proceso hasta que lograron encontrar un segundo elemento al que llamaron *radio*. La cantidad de radio obtenida fue tan pequeña e impura que le fue imposible determinar

---

[7]La pechblenda es un mineral natural radiactivo rico en óxidos de uranio. Hoy se sabe que contiene hasta 30 elementos químicos

sus propiedades físicas y químicas. Por tal motivo, la comunidad científica hasta llegó a dudar de su existencia.

El radio, por ser un producto de la desintegración del uranio, se encuentra en todas sus minas. En la pechblenda su concentración es de unas siete partes por millón, es decir, hay siete gramos de radio por tonelada.

Para obtener la cantidad que le permitiera ser analizada tuvieron que procesar gran cantidad de pechblenda, purificarla y tratar de obtener el nuevo elemento de la forma más pura posible. Consiguieron una tonelada de desechos de pechblenda al que previamente se le había extraído el uranio. Por lo complejo y costoso del procedimiento, los esposos Curie decidieron enfrentar solos la enorme tarea.

Por ser Marie una de las primeras mujeres en incursionar en el mundo científico, no se le permitió utilizar los laboratorios de la institución. Debía procesar la pechblenda aparte, en un inhóspito cobertizo de la Escuela de Física carente de instalaciones y lleno de goteras. Sus colegas temían que la presencia femenina alterara la noble tarea de los investigadores masculinos.

Después de un gran esfuerzo y de procesar toda la pechblenda, en marzo de 1902 obtuvieron una décima de gramo de radio, con lo que pudieron analizarlo químicamente y situarlo en la tabla periódica. Tras obtener más cantidad del metal, pudieron observar que el radio producía un ligero resplandor que se podía percibir en la oscuridad y su temperatura era algo superior a la circundante.

Pierre logró medir la fantástica cantidad de energía que producía. Un solo gramo de radio emitía suficiente energía para llevar 1,33 gramos de agua del punto de congelación al punto de ebullición en una hora. Pero aún más asombroso era que la emisión de energía parecía no tener fin. El agua seguía calentándose indefinidamente. Era algo así como obtener energía de la nada.

Para la época, la comunidad científica no lograba explicar cómo un elemento podía, por sí solo, como por arte de magia, producir radiaciones capaces de atravesar hasta láminas de hierro. Tampoco le encontraba explicación a que la temperatura de las pocas muestras de radio que habían logrado aislar permanecían más alta que el medio ambiente. Evidentemente, la energía provenía de sus átomos y éstos, por lo tanto, no podían tener una estructura como se pensaba. Para identificar el comportamiento de estos materiales, Marie creó el término *radiactividad* o *radioactividad*.

En 1910 publicó su obra *Tratado sobre la radiactividad*, donde recogía el resultado de sus experimentos e investigaciones. En él se exponía las propiedades de elementos como el uranio, el torio, el radio, el polonio y el actino; y se describía el procedimiento para aislar el radio.

Entre las propiedades de la radioactividad encontró que la tasa de emisión de radiaciones producidas por un elemento disminuye con el tiempo y que dicha disminución puede calcularse y predecirse.

La publicación de la obra fue fundamental para el desarrollo de la física. Dio un vuelco a la ciencia al demostrarse que un elemento podía convertirse en otro y este a su vez en otro, generándose una cadena de desintegraciones que terminaba en un elemento estable.

Por sus investigaciones sobre la radiactividad, Marie y Pierre fueron galardonados en 1903 con el Premio Nobel de Física y 15.000 dólares. Por el descubrimiento del polonio y por obtener el radio en su estado más puro, Marie recibió por segunda vez, en 1911, el premio Nóbel de Química, con lo que reconvertiría en la primera mujer en recibir esa distinción.

En 1906, poco después de que los esposos Curie comenzaran a disfrutar de su fama, Pierre sufrió un terrible accidente. A la temprana edad de 47 años, al cruzar una calle de París fue atropellado por un carruaje de seis toneladas tirado por caballos y sus ruedas le aplastaron el cráneo. Se especula que pudo haber resbalado debido a los ataques de vértigo de que sufría debido a la gran cantidad de radiaciones a que estuvo expuesto. Con este incidente, la humanidad se vio privada de uno de sus más brillantes investigadores.

Tras la muerte de su esposo, Marie continuó con la línea de investigación que tenían trazada. Asumió la cátedra de su marido, con lo cual, aparte de ser la primera mujer en obtener un doctorado y el Premio Nobel, también se convirtió en la primera mujer enseñante de La Sorbona. Posteriormente inició una relación de pareja con el físico Paul Langevin, que por estar casado, generó un gran escándalo periodístico.

Marie falleció el 4 de julio de 1934 a los 67 años víctima de anemia aplástica, una enfermedad de la sangre normalmente inducida por exposición a la radioactividad. Fue enterrada junto a su esposo Pierre en el cementerio Sceaux, a pocos kilómetros de París.

Sus apuntes de laboratorio, todavía muy radiactivos, se conservan en un cajón forrado en plomo en la Biblioteca Nacional de Francia. Para poder ser analizados se debe utilizar ropa protectora y firmar un documento que exime de toda responsabilidad a la institución.

MASA Y ENERGÍA

A lo largo de la historia, se había dado muy poca importancia a la composición de la materia, sólo existían pequeños grupos aislados que se mostraban interesados en su estructura. Fue precisamente con el descubrimiento de la radiactividad cuando la ciencia, ante los resultados experimentales, tuvo que investigar su estructura y cuál era el origen de la energía que emanaba de los materiales radiactivos.

Después de no pocas controversias entre las distintas tendencias, los científicos llegaron a la conclusión que la enorme cantidad energía provenía del núcleo del átomo y por tal motivo se le llamó *energía nuclear*. ¿Pero cómo se crea la energía nuclear? ¿Cuál es su origen?

En 1905 Albert Einstein dio los primeros pasos al afirmar que la energía y la masa son equivalentes, es decir, la masa puede transformarse en energía y la energía en masa, según la relación siguiente:

$$E = mc^2$$

Esta ecuación indica que una pequeña cantidad de masa en reposo (m) puede convertirse en una asombrosa cantidad de energía (E) y viceversa. El factor de conversión es la velocidad de la luz (c) al cuadrado. Un número enorme.

A los procesos en que se modifican los núcleos de los átomos se le llama reacciones nucleares y precisamente en esas reacciones se verifica que una pequeña cantidades de masa se transforma en una enorme cantidad de energía. Se estima que la pérdida de masa en la bomba nuclear detonada en Hiroshima fue de sólo 0,5 gramos.

La energía proveniente de la reacción nuclear se manifiesta en forma de energía cinética que se le imparte a las partículas emitidas por el núcleo y a la emisión de fotones.

La energía liberada en cada fisión del uranio-235, donde se pierde sólo la milésima parte de la masa del átomo, es de 180 MeV, en tanto que la energía proveniente de una reacción nuclear donde no existe fisión, es de unos 10 MeV. Si la reacción fuera química, como por ejemplo la combustión del carbón, la energía suministrada es de unos cuantos eV.[8] ¡La diferencia es abismal!

La equivalencia entre masa y energía fue demostrada en el Laboratorio Cavendish de la Universidad de Cambridge por el físico británico John Cockcroft (1897-1967) y físico irlandés Ernest Walton (1903-1995) mediante un experimento donde emplearon un acelerador de partículas[9] creado por ellos mismos. Por tal motivo, fueron galardonados en 1951 con el Premio Nobel en Física.

ALBERT EINSTEIN

Albert Einstein, el físico más famoso del siglo XX, nació en 1879 en Ulm, Alemania. Fue hijo de Hermann Einstein y Pauline Kock, judíos ambos. En 1896 ingresó en el Instituto Suizo de Tecnología de Zúrich. Desde 1902 empezó a prestar sus servicios en la Oficina de Patentes de Berna donde trabajó hasta 1909. En 1905, siendo un joven físico desconocido, publicó su teoría de la relatividad especial, punto de partida de la física moderna. Como consecuencia de la teoría, produjo su famosa ecuación: la equivalencia entre masa y energía, $E = mc^2$.

En 1915, expuso la Teoría de la Relatividad General donde se reformula por completo el concepto de gravedad y en 1919, astrónomos británicos confirmaron las predicciones del Einstein relacionadas con la curvatura de la luz. En 1921 le fue otorgado el Premio Nobel de física, no por la Teoría de la Relatividad, sino por la interpretación del efecto fotoeléctrico, pues los árbitros, a

---

[8]En física de partículas, la energía se expresa en electrón-voltio (eV) que se define como la energía cinética que adquiere un electrón cuando es acelerado por una diferencia de potencial de 1 voltio.

[9]El acelerador de partículas utiliza campos electromagnéticos para imprimir alta velocidad a las partículas cargadas, para luego estrellarlas contra otras partículas. Con este método, Cockcroft y Walton obtuvieron, en 1932, la primera transmutación artificial que registra la historia al bombardear átomos de litio con protones, convirtiendo este elemento en dos núcleos de helio.

quienes se les asignó la tarea de evaluarla, no querían correr el riesgo de que luego se demostrase errónea.

En 1932, tras el ascenso del nazismo, se trasladó a Estados Unidos donde se dedicó a la docencia en el Institute for Advanced Study en Princeton, Nueva Jersey, y trabajó en un proyecto donde trató de integrar en una misma teoría la fuerza electromagnética y la gravitatoria, la Teoría de Campo Unificada. Sus descubrimientos y predicciones siguen confirmándose aun hoy en día. La última de ellas, las ondas gravitacionales.

Einstein fue un pacifista convencido y defensor del socialismo democrático. Es considerado por algunos como el verdadero padre de la bomba atómica. Confesó que uno de sus errores fue haber instado al presidente Roosevelt a financiar un proyecto nuclear, aun sabiendo que era necesario para vencer la carrera a Alemania. Antes de que se produjera el ataque a Japón, envió una segunda carta al Presidente de Estados Unidos instándolo a no emplear el arma atómica.

Einstein murió en Princeton el 18 de abril de 1955 a los 76 años tras experimentar una hemorragia interna originada por la ruptura de un aneurisma de la aorta abdominal.

ENERGÍA DE ENLACE NUCLEAR

Hasta aquí todo bien pero ¿cuál es la masa que se convierte en energía?

Los núcleos están formados por protones y neutrones, por lo que cabe esperar que la masa del núcleo sea igual a la suma de la masa de cada uno de ellos. Sin embargo, se encuentra que la masa del núcleo es menor que la suma de las masas de sus componentes. El núcleo de helio, por ejemplo, formado por dos protones y dos neutrones pesa 4,00151 u, en tanto que el peso de los cuatro nucleones es 4,03190 u. Existe una diferencia de 0,03039 u.[10]

El hecho de que la masa de un núcleo sea inferior a la que se obtiene de la suma de sus componentes se repite para todos los núcleos atómicos. A esta diferencia se le denomina *defecto de masa*.

---

[10]El símbolo u representa la unidad de masa atómica también conocida como dalton cuyo símbolo es Da. $1u = 1,66053886 \times 10^{-27}$kg.

Si se fuera a formar un núcleo de helio, el defecto de masa se compensaría por la emisión de energía, Esta energía puede ser calculada mediante la ecuación de Einstein, dando por resultado 28,38 MeV por átomo. Si se formara un gramo de helio, la emisión de energía sería de 683,5 GJ (Giga julios), suficiente para mantener encendida una bombilla de 100 vatios durante 220 años, es decir, la energía contenida en 2.000 toneladas de carbón. Un gramo de hidrógeno que se convierte en helio libera unas quince veces más energía que un gramo de uranio al fisionarse. A la energía que se genera al fusionarse protones y neutrones para formar el núcleo de un átomo se le llama *energía de fusión*.

Hay que notar que al quemar las 2.000 toneladas de carbón, la disponibilidad de la energía es inmediata. Sin embargo, para disponer de la mitad energía nuclear centrada en la masa de un gramo de uranio-235 en forma espontánea, se requieren 704 millones de años.

Si para formar un núcleo a partir de sus componentes se genera la energía de fusión, para separarlos se requiere la misma cantidad de energía. A esta energía se le denomina *energía de enlace nuclear*.

La energía nuclear también se puede librar en forma instantánea si se recurre, por ejemplo, a la fisión del uranio-235 o a la fusión de núcleos ligeros, donde átomos de hidrógeno transmutan en átomos de helio. De estos dos procesos nos ocuparemos más adelante en esta obra

LOS RADIOISÓTOPOS

Los elementos, tal como se encuentran en la naturaleza, están formados por una mezcla de isótopos. Los isótopos son átomos de un mismo elemento químico cuyos núcleos tienen una cantidad diferente de neutrones. Por tanto, son átomos con el mismo número de protones y diferente masa atómica.

Los isótopos pueden ser estables o inestables. La mayoría de los isótopos naturales son estables. Los inestables o radiactivos emiten radiaciones y se convierten en isótopos de otros elemento.

Gran parte de los elementos poseen más de un isótopo. Sólo 21 de ellos, entre los que se encuentra el berilio y el sodio, poseen un solo isótopo, en contraste con el estaño que tiene diez isótopos estables. Otro ejemplo podría ser el carbono que en forma natural tiene tres isótopos. El carbono-12 y el carbono-13 son estables en tanto que el carbono-14, es radiactivo.

El núcleo de los isótopos estables está configurado de tal manera que sus protones y neutrones "conviven pacíficamente", en tanto que en los isótopos inestables, la combinación de protones y neutrones le confieren al núcleo la propiedad de ser radiactivos.

El uranio, por ejemplo, tiene isótopos naturales inestables que están constantemente desintegrándose. A los isótopos con esta característica se les llama *radioisótopos* y al proceso de emisión se le llama *decaimiento radiactivo*.

Los isótopos radiactivos buscan estabilidad emitiendo energía en forma de partículas alfa, beta y radiación gamma. La radiación gamma generalmente acompaña a la emisión de partículas.

Vida media y actividad radioactiva

Un núcleo radiactivo busca estabilidad, y para lograrlo emitirá en cualquier momento una partícula o un fotón. No es posible predecir en que momento va a hacerlo, puede ser al cabo de un milisegundo, de un año o millones de años. Las leyes que rigen la desintegración radiactiva son de tipo estadístico, sólo se puede hablar de la probabilidad de que ese hecho ocurra. Sin embargo, si se dispone de una muestra radiactiva compuesta por miles de billones de átomos, es posible establecer en cuanto tiempo la mitad de ellos se habrán desintegrado.

Cada elemento radiactivo se desintegra a su propia velocidad. La velocidad de desintegración o actividad radiactiva suele expresarse en número de desintegraciones por minuto o por segundo. Para una cantidad de material dado, la actividad radiactiva se refiere al número de átomos que se desintegran por unidad de tiempo.

En un gramo de radio-226 se producen 37.000 millones de desintegraciones cada segundo. La mitad de los átomos de una muestra de polonio-214 se transforman en plomo-210 en sólo 0,164 milisegundos, en tanto que la mitad de los átomos de uranio-238 tardan 4.470 millones de años en convertirse en torio-234. Por lo tanto, el polonio en mucho más inestable que el uranio.

La vida media es el tiempo que debe transcurrir para que el número de átomos de un elemento radioactivo se reduzca a la mitad. Si en un instante dado existen 1000 átomos de I-131 y al cabo de 8,05 días quedan 500, se dice que la vida media del I-131 es de 8,05 días.

La vida media o tiempo de semidesintegración de un radio-isótopo, expresa la velocidad con que se desintegran sus átomos. Cuando se dice que el torio-238 tiene una vida media de 24,1 días, se está diciendo que tarda ese tiempo en perder la mitad de su radiactividad. Después de dos vidas medias sólo le queda la cuarta parte, después de tres vidas medias sólo le queda la octava parte y así sucesivamente.

La vida media de los radioisótopos que existen en la naturaleza oscila entre millonésimas de segundo y miles de millones de años, depende únicamente del tipo de radioisótopo.

Como los elementos radiactivos se están desintegrando conti-nuamente, es lógico pensar que después de 4.500 millones de años de haberse formado, que es la edad de la Tierra, ya deberían ha-berse agotado. Sin embargo, muchos de ellos están aquí porque su vida media es comparable a la de nuestro planeta. Por ejemplo, la vida media del uranio-238 es de 4.470 millones de años, la del torio-232 es de 14.000 millones de años. Para ellos ha transcurri-do muy poco tiempo, por lo cual, todavía siguen entre nosotros y seguirán por muchos miles de millones de años más.

La presencia de radioisótopos con vida media comparable a la edad de la Tierra, es razonable. Sin embargo, se observa que en la naturaleza existen radioisótopos, que por tener una vida media mucho más corta, deberían haber desaparecido. La explicación a este hecho habrá que buscarla en los párrafos siguientes.

RADIOACTIVIDAD NATURAL

La radiactividad natural proviene de la desintegración de ma-teriales radiactivos que se encuentran esparcidos en la corteza te-rrestre y también provienen de los materiales radiactivos que se están creando continuamente debido a la interacción de los rayos cósmicos con ciertos átomos presentes en la atmósfera.

Cuando la Tierra se formó, los niveles de radioactividad natu-ral eran mucho más elevados. Afortunadamente, el planeta es lo suficientemente "viejo" para que la intensa radioactividad original se haya atenuado y ahora es compatible con la vida.

Aunque se trata de dosis bajas, todos los organismos vivientes están expuestos en forma continua a la radiación natural. Algunos organismos lo están más que otros, dependiendo de la actividad radiactiva del suelo donde viven, del aire que respiran, del alimento y del agua que consumen.

Otra fuente de radiación natural la originan los rayos cósmicos provenientes del espacio exterior. Afortunadamente el planeta Tierra está envuelto en una atmósfera que filtra esos rayos y hace que la vida, tal como la conocemos, sea posible. Por lo tanto, la radiación a que está expuesta una persona depende fundamentalmente de la altitud en que se encuentra. En la alta montaña y en los viajes aéreos se recibe mayor radiación que a nivel del mar. Durante el vuelo, los pasajeros y la tripulación reciben hasta 20 veces más radiación cósmica de la que reciben los que están en tierra.

Otra fuente de radiactividad natural a la que estamos sometidos proviene del aire que respiramos y de los alimentos que consumimos. Los alimentos y el agua contienen isótopos radiactivos de potasio, carbono, polonio, radio, hidrógeno y otros. Bombardeado por la radiación cósmica, el nitrógeno de la atmósfera se transforma en carbono-14, que es radiactivo. Unos pocos átomos de carbono radiactivo pasan a formar parte del dióxido de carbono que se fija por medio de la fotosíntesis en los tejidos vegetales. Los animales herbívoros y el hombre al consumir vegetales y productos de origen animal lo asimilan y pasa a formar parte de sus tejidos.

Considérese el caso del potasio, un constituyente normal del organismo humano. En la naturaleza, el potasio se presenta en tres formas isotópicas: potasio-39, potasio-40 y potasio-41. El potasio-39 y el potasio-41 son isótopos estables y constituyen el 99.99% de todo el potasio existente. El potasio-40 es radiactivo y su concentración es de sólo el 0,01%. El cuerpo humano de un adulto contiene de 150 a 200 gramos de potasio, del cual unos 20 miligramos son potasio-40.

La fuente de radiación natural más peligrosa de todas las anteriores juntas, lo constituye el radón-222, un gas radiactivo inerte, inodoro e incoloro que se encuentra diseminado en la corteza terrestre y cuyos efectos sólo se detectan a largo plazo. El radón-222, con vida media de 3,8 días emite partículas alfa se convierte en polonio-218.

El radón se produce durante el proceso de desintegración del uranio, emerge de las rocas, asciende a la superficie y se mezcla con el aire. Se estima que es el responsable del 50 al 80% de la radiación natural a la cual estamos sometidos. La población establecida cerca de los yacimientos de uranio está más expuesta. Según la Organización Mundial de la Salud (OMS), la segunda causa de muerte por cáncer de pulmón es debido a la inhalación de radón o sus derivados.

El primer indicio de su peligrosidad, se obtuvo en 1944 cuando en Estados Unidos se explotaron cientos de minas de uranio en los territorios de los indios Navajos. Los mineros de esta etnia estuvieron expuestos a tasas muy altas de radiación, por lo que su mortalidad se incrementó notablemente.

Actualmente, la población más expuesta al radón es la que tiene sus hogares construidos en terrenos ricos en uranio. El radón, por ser un gas pesado, se acumula en el interior de las viviendas, especialmente en los sótanos poco ventilados sin que sus habitantes lo sospechen. Su concentración puede llegar a ser cientos de veces superior a la del exterior, por lo que, en esos hogares, el riesgo de contraer cáncer de pulmón es superior al riesgo de fumar 20 cigarrillos al día.

Al respirar se intercambia el aire entre los pulmones y el medio ambiente, por lo que el radón entra y sale sin provocar mucho daño. Sin embargo, los elementos sólidos radiactivos derivados de su desintegración, como los isótopos de polonio también emisores alfa, se adhieren a los bronquios donde se encuentran células muy sensibles a las radiaciones.

Allí, las partículas alfa siendo muy poco penetrantes liberan toda su energía precisamente en esas células superficiales induciéndolas a desarrollar cáncer. La partícula alfa, por su alto poder de ionización tiene cien veces más probabilidad de inducir cáncer que cualquier otro tipo de radiación.

En promedio el 88% de la radiación recibida por la población mundial procede de fuentes naturales, el 12% restante proviene mayoritariamente de fuentes artificiales como los rayos X.

El hombre desde siempre estuvo expuesto a la radiación natural y ha aprendido a convivir con ella. Sin embargo, estudios recientes revelan que los niveles de radiación en ciertos ambientes o en ciertas zonas geográficas representan un verdadero peligro para la salud.

EFECTOS BIOLÓGICOS DE LAS RADIACIONES

Las radiaciones ionizantes al ser absorbidas por los tejidos humanos, animales o vegetales, producen daños biológicos. Los daños son causados por la energía que las radiaciones "depositan" en las células, la cuales provocan alteraciones en sus propiedades eléctricas, físicas y químicas así como lesiones y mutaciones genéticas.

La energía al ser absorbida produce ionización, excitación atómica y descomposición química de las moléculas. Como resultado, las funciones de las células pueden deteriorarse de forma temporal, permanente e incluso inducir a su muerte.

La gravedad de la lesión depende del tipo de radiación, la dosis absorbida, la velocidad de absorción y la sensibilidad del tejido a la radiación. En ciertas ocasiones los daños orgánicos se pueden recuperar. La recuperación depende de la severidad de la lesión, de la parte afectada y del poder de regeneración del individuo, siendo su edad y el estado general de salud factores importantes. El daño en un cromosoma no se repara, se transmite, y puede ocasionar consecuencias hereditarias graves.

Cualquier dosis, por pequeña que sea, es perjudicial. La exposición a pequeñas dosis de radiación no produce ninguna respuesta clínica observable inmediata, pero puede generar alteraciones a largo plazo. Las alteraciones son las mismas, tanto si la radiación procede del exterior como si procede de un material radiactivo situado en el interior del cuerpo.

El poder de recuperación del organismo se incrementa si la dosis de radiación es recibida en forma fraccionada y en un lapso más prolongado. Sin embargo, la regeneración nunca es total, siempre quedan lesiones residuales, a menos que la célula dañada sea reemplazada por una nueva.

El lapso que trascurre entre la irradiación y la primera manifestación detectable de sus efectos, es el tiempo de incubación o periodo latente.

Los daños a corto plazo o agudos son los que aparecen después de una irradiación intensa y rápida, donde las células mueren. Se hacen visibles pasadas algunas horas, días o semanas. Los daños a largo plazo o diferidos aparecen después de años, décadas y a veces en generaciones posteriores.

Las personas irradiadas en forma intensa en todo el cuerpo

presentan náusea, vómito, anorexia, pérdida de peso, fiebre y hemorragia intestinal. Su recuperación es lenta y a veces imposible.

El hecho de que las radiaciones ionizantes dañan los tejidos, se puso en evidencia poco después de que se empezaran a utilizar. El primer caso de lesión en seres humanos fue reportado poco después de que Röntgen anunciara, en 1895, el descubrimiento de los rayos X y en 1902 se describió el primer caso de cáncer inducido por los rayos X.

La radioterapia aprovecha las propiedades nocivas de las radiaciones para destruir tejidos tumorales. Al aplicar altas dosis a los tejidos cancerosos se puede originar la muerte de las células tumorales o inhibir su proceso reproductivo. Un buen tratamiento de radioterapia se caracteriza por proporcionar una dosis letal al tejido tumoral y mínima exposición a los tejidos circundantes.

La radiación absorbida por los tejidos se expresa en grays, cuyo símbolo es Gy, y equivale a un julio por kilogramo. Una dosis de radiación sobre todo el cuerpo superior a 40 Gy, provoca el deterioro severo del sistema vascular, edema cerebral, trastornos neurológicos, coma profundo y muerte en 48 horas.

Una dosis de 10 a 40 Gy produce pérdida de fluidos, deterioro de la médula ósea e infección terminal. El individuo muere dentro de diez días.

Si la cantidad absorbida está comprendida entre 1,5 y 10 Gy se destruye la médula ósea, lo que provoca infección y hemorragia. La persona puede morir en cuatro o cinco semanas.

La irradiación de algunas zonas del cuerpo produce necrosis y daños locales. Si se lesionan los vasos sanguíneos, se alteran las funciones de los órganos que irrigan. Las consecuencias más graves de deterioro de los vasos sanguíneos se manifiestan en la médula ósea, riñones, pulmones y cristalino.

El efecto retardado más palpable en las poblaciones expuestas es el aumento en la incidencia de ciertos cánceres como la leucemia. Las células y tejidos más sensibles a las radiaciones ionizantes son:

1. Tejido linfático, particularmente los linfocitos.
2. Células rojas jóvenes de la médula ósea.
3. Células que revisten el canal gastrointestinal.
4. Células de las gónadas.

5. Piel, en particular el folículo capilar.
6. Células endoteliales, vasos sanguíneos y peritoneo.
7. Epitelio del hígado y adrenales.
8. Huesos, músculos y nervios.

Los tejidos jóvenes y en pleno crecimiento, son más sensibles que los adultos e inactivos.

SERIES RADIOACTIVAS

Las series radiactivas o cadenas de desintegración se producen cuando el núcleo de un elemento se desintegra, emite radiaciones y da lugar a un segundo elemento también radiactivo. El segundo elemento emite radiaciones da lugar a un tercer elemento radiactivo. El proceso continua hasta que se genera un núcleo estable. Las series radiactivas toman el nombre del isótopo con que empieza la cadena o isótopo padre.

Existen tres series radiactivas naturales, la del uranio-238, la del torio-232, la del actinio-227. Las series naturales proceden de elementos primigenios, es decir, de aquellos elementos radiactivos que existen en la Tierra desde su formación y se supone que se originaron en el interior de las estrellas. Existe una cuarta serie, la del neptunio-297, que por tener vida media de 2,14 millones de años debería haberse extinguido. Volvió a aparecer como consecuencia de las pruebas nucleares.

EL URANIO

La historia de la radiactividad se inicia con el descubrimiento del uranio y el torio. El uranio es un elemento metálico de color plateado que forma parte del grupo de los actínidos. Pertenece a la familia de las sustancias radiactivas cuyo número atómico es 92 y símbolo U. Fue descubierto en 1789 por el químico alemán Maarten H. Klaproth (1743–1814) quien descubrió también el circonio y el titanio.

Klaproth realizó estudios con un polvo negro obtenido de la pechblenda, nombre derivado del alemán Pechblenden (-Pech- brea y -blenden- brillar), que hace referencia al aspecto del mineral: frágil, blando, algo pesado y de brillo similar al de la brea.

A ese elemento desconocido Klaproth lo llamó uranio, inspirándose en Urano, el nombre del planeta recién descubierto por

John F. Herschel. Este descubrimiento fue causa de gran revuelo en la astronomía ya que desde la antigüedad se afirmaba que Saturno era el planeta más alejado del Sol.

La pechblenda, conocida también como *uraninita* es la fuente principal de uranio. Es un mineral compuesto esencialmente por óxidos del uranio y otros elementos radiactivos que provienen de su desintegración. Por ser muy radioactiva, la pechblenda debe ser manipulada por expertos. El polvo de uraninita al ser aspirado se aloja en los pulmones y en la sangre induciendo cáncer y leucemia.

A partir de la pechblenda, en 1895 William Ramsay descubrió el helio y en 1898 Marie Curie descubrió el radio y el polonio.

A pesar de que las propiedades químicas de uranio son bastante diferentes de otros elementos químicos, hasta finales del siglo XIX sólo se utilizó en contadas ocasiones. Se volvió muy importante a partir de 1939 cuando se descubrió la fisión nuclear.

El 60% de las reservas de uranio se encuentran distribuidas en cinco países: Australia, Kazajistán, Rusia, Canadá y Nigeria, los cuales suministran el 75% de los requerimientos mundiales.

En forma natural, el uranio tiene tres radioisótopos repartidos en las siguientes proporciones: el 99,284% es uranio-238, el 0,711% es uranio-235 y sólo el 0,008% es uranio-234. En la corteza terrestre la relación uranio-238/uranio-235 es una constante, salvo en los yacimientos de Oklo de los que hablaremos más adelante.

Uranio-238

El uranio decae muy lentamente. El periodo de semidesintegración del uranio-238, padre de una de las series radiactivas, es de 4.470 millones de años. En toda la historia de la Tierra sólo una parte del que existía originalmente se ha desintegrado. El uranio-238 no es fisionable. Puede convertirse en material fisionable si se transforma en plutonio-239 en un reactor nuclear.

Un átomo de uranio-238 repentinamente y al azar emite una *partícula alfa* que se desprende de su núcleo y el átomo se convierte en torio-234 cuyo núcleo está formado por 90 protones y 144 neutrones.

El torio-234, con propiedades físicas y químicas completamente diferentes al uranio, es inestable. De repente un neutrón de su núcleo se convierte en un protón y emite un electrón idéntico a todos los electrones. A este electrón, debido a su procedencia y por poseer alta energía se le llama *partícula beta*. El núcleo resultante es el protactinio-234 que contiene 91 protones y 143 neutrones.

El protactinio-234 tampoco es estable y en algún momento emitirá una partícula beta y se convierte en uranio-234, que es un emisor alfa. La serie de desintegración completa del uranio-238 es la siguiente:

Isótopo		Vida media	Emisión
^{238}U	Uranio-238	4,47 x 109 años	alfa
^{234}Th	Torio-234	24,1 días	beta
^{234}Pa	Protactinio-234	6,70 horas	beta
^{234}U	Uranio-234	245.500 años	alfa
^{230}Th	Torio-230	75.380 años	alfa
^{226}Ra	Radio-226	1.600 años	alfa
^{222}Rn	Radón-222	3,82 días	alfa
^{218}Po	Polonio-218	3,05 minutos	alfa
^{214}Pb	Plomo-214	26,8 minutos	beta
^{214}Bi	Bismuto-214	19,9 minutos	beta
^{214}Po	Polonio-214	0,164 ms	alfa
^{210}Pb	Plomo-210	22,3 años	beta
^{210}Bi	Bismuto-210	5,013 días	beta
^{210}Po	Polonio-210	139 días	alfa
^{216}Pb	Plomo-206	estable	

De esta forma, el núcleo de uranio-238 después de sufrir ocho transmutaciones ocasionadas por la emisión de partículas alfa y seis transmutaciones ocasionadas por la emisión de partículas beta, se convierte en un elemento estable, el plomo-206.

En cada transmutación se libera cierta cantidad de energía que proviene de la pérdida de masa que se produce en cada decaimiento. La pérdida de masa puede calcularse midiendo la diferencia entre la masa inicial del núcleo de uranio-238 que es 238,0506u y la suma de la masa de ocho partículas alfa más seis partículas beta, más la masa del núcleo del plomo-206.

La masa de las ocho partículas alfa es 32,0208u, la masa de las seis partículas beta es 0,00924u y la masa del núcleo del plomo-206 es 205,9745u. La suma de todas ellas es 238,0045u. En consecuencia el defecto de masa es 0,0461u.

Por lo general, los núcleos después de emitir una partícula alfa o beta se desprenden de la energía sobrante emitiendo un destello de energía electromagnética, algo parecido a destello luminoso de alta energía al que se llama *radiación gamma*.

Muchos de los isótopos radiactivos que se van formando como consecuencia del decaimiento del isótopo padre, tienen vida media corta en comparación con la edad de la Tierra. Su presencia no podría explicarse si no fuera porqué se están formando continuamente. Considérese el radio-226, uno de los componentes de la serie radiactiva cuya vida media es de mil seiscientos años. Al cabo de unas diez vidas medias, es decir, dieciséis mil años, sólo quedaría el 0,1%. Sin embargo, el radio, por ser producto de la desintegración del uranio, se encuentra en todas las minas en proporciones mucho mayores.

URANIO-235

El uranio-235 tiene vida media de 704 millones de años y es el único isótopo fisionable que se encuentra en la naturaleza. Cuando el núcleo absorbe un neutrón se convierte en uranio-236 que es muy inestable. Muestra su inestabilidad dividiéndose en dos fragmentos de aproximadamente igual masa y emitiendo neutrones.

El núcleo de uranio se puede dividir o fisionar en una docena de formas diferentes, pero se debe cumplir que los pesos atómicos de los fragmentos y de los neutrones deben sumar 236.

Una división usual es la que da lugar a un núcleo de estroncio-95 con 38 protones y 57 neutrones, un núcleo de gas Xenón-139 con 54 protones y 85 neutrones, dos neutrones libres y a la liberación de 180 MeV.

El 90% de la energía liberada se emplea para impartir energía cinética a los fragmentos. Estos se separan rápidamente a la velocidad de unos 12.000 kilómetros por segundo en direcciones opuestas, impulsados por la repulsión de las cargas positivas de su núcleo.

Los neutrones libres chocan con los átomos cercanos de uranio, fisionándolos. Estos átomos a su vez liberan neutrones que fisionan más átomos. El proceso continua produciéndose una reacción en cadena. Si la masa de uranio-235 contiene suficiente átomos y muchos se fisionan simultáneamente, el calor generado es de tal magnitud que produce una explosión nuclear. La explosión hace que los átomos de uranio se separen antes de ser fisionados y la reacción en cadena se detiene.

Los fragmentos derivados de la fisión son radiactivos. Buscan estabilidad emitiendo radiaciones, algunos por muy poco tiempo, otros por millones de años. En las explosiones atómicas estos elementos dispersos por el viento son los que dan origen a la *lluvia radiactiva*.

RADIOACTIVIDAD ARTIFICIAL

Hasta 1895, año en que Röntgen descubrió los rayos X, la única radiación a que estábamos expuestos era la natural. Actualmente, estamos sometidos a la radiación artificial cuando por razones médicas recibimos rayos X, o cuando nos suministran sustancias radiactivas con fines diagnósticos, terapéuticos o en procedimientos de radioterapia. Por lo cual, recibimos radiación artificial solo ocasionalmente.

Los radioisótopos naturales conocidos en las primeras décadas del siglo pasado eran muy pocos, por lo cual no fue posible descubrir su verdadero potencial. Hoy se producen artificialmente cientos de ellos y hemos aprendido a utilizarlos para los más variados propósitos; desde la investigación a la medicina, desde la producción de energía eléctrica a las temibles armas nucleares.

Generalmente, los nuevos radioisótopos se producen cuando en los reactores nucleares se bombardean ciertos elementos químicos con neutrones. También se emplea el ciclotrón, un acelerador de partículas utilizado para inducir reacciones nucleares al bombardear ciertos átomos con partículas cargadas. El ciclotrón fue inventado en el año 1934 por el químico Ernest Lawrence y el físico Stanley Livingston, ambos estadounidenses.

El primer radioisótopo artificial fue creado en 1933 por los esposos Frederic Joliot e Irene Curie, mientras estudiaban la interacción de partículas alfa provenientes de una fuente de polonio sobre una lámina delgada de aluminio. Al terminar el experimento, se sorprendieron al comprobar que la lámina de aluminio, aún después de interrumpir el bombardeo, emitía radiaciones y que éstas disminuían con el pasar del tiempo.

¿Cómo podía explicarse el nuevo fenómeno? El aluminio, al ser bombardeado por partículas alfa se convierte en un isótopo radiactivo de fósforo. El fósforo emite una partícula beta positiva o positrón[11] y se convierte en silicio estable.

---

[11]El positrón es la antipartícula del electrón, posee la misma masa pero su

Con su experimento transformaron artificialmente un elemento estable en otro radiactivo y descubrieron un nuevo mecanismo de desintegración beta, hallazgos que después de presentarlos a la Academia Francesa, le valieron para que en 1935 fueran galardonados con el Premio Nobel de Química.

Frederic Joliot cuenta que Marie Curie seguía de cerca las investigaciones que Irene y el realizaban. Los resultados experimentales le produjeron gran satisfacción y se sintió muy orgullosa cuando le mostraron un pequeño tubo de vidrio que contenía el primer radioisótopo artificial. Lo tomó en sus manos ya quemadas por las radiaciones y lo acercó al detector para oír las señales que producía la muestra.

En forma simultánea, en Berkeley, California, se utilizaba a diario el ciclotrón para bombardear muestras con diferentes partículas. Los científicos que operaban el equipo nunca llegaron a detectar ningún tipo de radiación después de dejar de bombardear la muestra. La razón era muy simple; cuando apagaban el ciclotrón se apagaban también los detectores y en consecuencia la radiación tardía que pudiera producirse nunca fue detectada.

Cuando los científicos de Berkeley se enteraron de la publicación Joliot-Curie, se apresuraron a hacer las modificaciones necesarias para que los detectores siguieran activos aún después de apagar el ciclotrón y así pudieron descubrir las radiaciones. Uno estos científicos comentó: "Por ese simple hecho perdimos un Nobel".

Después de este curioso "incidente", Ernest Lawrence utilizando su ciclotrón, logró que iones de deuterio que habían alcanzado alta velocidad impactaran un blanco de carbono. Consiguió así agregarle un protón al núcleo formado por 6 protones y 6 neutrones. El nuevo átomo con 7 protones ya no era carbono, sino un radioisótopo del nitrógeno.

Con esta investigación demostró que para producir nuevos radioelementos se podían emplear proyectiles diferentes a los neutrones. A partir de 1934, utilizando este método se han producido más de mil núcleos radiactivos artificiales.

---

carga es positiva.

PRODUCCIÓN DE RADIOISÓTOPOS

Los isótopos artificiales o sintéticos no se encuentran en forma natural en la Tierra, son producidos por el hombre en reactores nucleares y en ciclotrones.

Para producir un *núcleo radioactivo* o *radionúclido* a partir de un isótopo estable, es necesario agregar o eliminar protones o neutrones de su núcleo, para lo cual hay que bombardearlo con partículas subatómicas. El núcleo, al capturar el proyectil se puede convertir en un isótopo inestable que tarde o temprano emitirá una partícula.

PRODUCCIÓN EN REACTORES NUCLEARES

El reactor nuclear es una instalación física de gran envergadura donde se produce, mantiene y controla una reacción nuclear en cadena. Una forma de producir radionúclidos en un reactor nuclear, es activar un material con neutrones. El material se coloca cerca del centro del reactor donde la densidad de neutrones es alta. Los átomos de material los capturan y por tener un exceso de neutrones se tornan inestables. Un isótopo producido de esta forma es el talio-201, un emisor gamma de 75 Kev y vida media de 73 horas, frecuentemente utilizado para estudiar el músculo cardíaco.

PRODUCCIÓN EN CICLOTRONES

Otra forma de producir radioisótopos, es activar el material con protones de alta energía generados en un ciclotrón. El ciclotrón es un acelerador de partículas en el cual los protones, siguiendo una trayectoria circular, pueden alcanzar una velocidad muy elevada.

Cuando la velocidad es suficiente, se estrellan contra un blanco donde ocurren reacciones nucleares que conducen a la obtención de isótopos emisores de positrones.

Un radioisótopo producido en esta forma es fluor-18. Este elemento combinado con la glucosa puede ser utilizado para identificar precozmente y con mucha precisión numerosos tumores primarios y su metástasis.

Tanto el ciclotrón como el reactor nuclear son equipos costosos y de alta tecnología que deben ser operados por personal muy calificado. Por seguridad radiológica deben ser instalados en bunker. El bunker es una estructura de concreto armado de unos dos metros de espesor que lo rodea por los cuatro costados y el techo. El acceso al bunker es a través de una doble puerta blindada y un laberinto. El bunker evita que las radiaciones de alta energía que pudieran emanar de los equipos, puedan representar un peligro para las personas.

PRODUCCIÓN EN LOS GENERADORES DE RADIONÚCLIDOS

Los radioisótopos artificiales también son producidos en generadores. Los generadores contienen un isótopo "padre", normalmente creado en un reactor nuclear, el cual decae en el isótopo "hijo". Un ejemplo típico es el generador del isótopo tecnecio-99m (Tc-99m), muy utilizado en Medicina Nuclear.

En el reactor se irradia molibdeno-98 del que se origina molibdeno-99 cuya vida media es 66 horas. Cuando el molibdeno-99 decae emite una partícula beta y el producto de su desintegración es el Tc-99m.[12]

Powell Richards del Hot Lab Division, en Brookhaven National Laboratory, fue quien descubrió el gran potencial del Tc-99m como radiotrazador médico. Tiene vida media de sólo seis horas y radiación gamma de 140 KeV, una energía relativamente baja, pero adecuada para ser detectada por los equipos médicos.

La vida media del molibdeno-99 es suficiente para que una vez creado pueda ser transportado a cualquier hospital del mundo y todavía producir Tc-99m por una semana o más. Cuando el hospital lo recibe procede a extraer u "ordeñar" químicamente el Tc-99m. Algunos microgramos son suficientes para obtener resultados satisfactorios, por lo que la "vaca" suele tener material para cientos de estudios. El generador de Tc-99m se encuentra normalmente en el mismo servicio de medicina nuclear de la clínica u hospital receptor.

A pesar de existir cientos de radioisótopos, los empleados para el diagnóstico médico son pocos: Para evitar la sobre exposición

---

[12]Existen algunos isótopos que tienen el mismo número de protones y de neutrones, pero difieren en sus propiedades radiactivas como la vida media y la energía de las radiaciones que emiten. A estos núcleos se les llama *isómeros* nucleares. El isómero que exhibe menor energía se le llama *isómero en estado base* y al de mayor energía se le llama *isómero en estado metaestable* y se designa con la letra m. Un isómero metaestable cae a su estado base tras emitir una radiación gamma. A este cambio se le llama transición *isométrica*. El Tc-99m, es un radioisótopo consecuencia de esta transición.

del paciente su vida media no debe ser mayor que algunos días y al mismo tiempo la energía que emiten debe ser baja, pero suficiente para que pueda ser fácilmente detectada por los equipos médicos.

La energía nuclear puede emplearse con fines pacíficos o bélicos, la humanidad debe aceptar la responsabilidad por el uso que le vaya a dar.

PRECURSORES DE LA TECNOLOGÍA NUCLEAR

A partir de los experimentos de Rutherford, en los que demostraba que en forma artificial se podían producir nuevos núcleos, muchos científicos se lanzaron en su búsqueda. Se destacaron tres grupos de investigación que surgieron en países diferentes, cada uno liderado por eminentes científicos: En Italia y Estados Unidos, Enrico Fermi, en Alemania Otto Hahn y su tía Lise Meitner y en Francia los esposos Frederic Joliot e Irene Curie.

ENRICO FERMI Y EL GRUPO DE ROMA

Enrico Fermi es reconocido como uno de los científicos más destacados del siglo XX. Nació en Roma en 1901 y murió en Chicago a la temprana edad de 53 años. A los 14 años se interesó por la física tras leer un libro de unas mil páginas escrito en latín *Elementorum physicae mathematicae* publicado en 1840 por el jesuita Andrea Caraffa. A los 26 años ya era profesor en la Universidad de Roma, La Sapienza, a la que en poco tiempo convirtió en uno de los centros de investigación más importantes del mundo.

Se rodeó de un grupo de excelentes físicos jóvenes llamado el Grupo de Roma, apodado "I ragazzi di Via Panisperna"[13], entre los que se encontraba Emilio Segré, Bruno Pontecorvo y Ettore Majorana, a los que alentó para que se codearan con los físicos más prestigiosos de Europa. El apodo proviene de la calle donde se encontraban los laboratorios de física y donde se encontraba

---

[13]*Los chicos de Vía Panisperna* en español

también el monasterio de San Lorenzo de Panisperna.

Fermi es conocido por el desarrollo del primer reactor nuclear, por sus contribuciones al florecimiento de la teoría cuántica, la física nuclear y la física de partículas. Uno de sus más importantes logros fue la teoría de la desintegración beta, considerada por el físico, Victor Weisskopf como: "la teoría que ha quedado como el monumento a la intuición de Fermi".

Fermi tenía gran capacidad de síntesis y una memoria privilegiada, podía recitar de memoria la Divina Comedia de Dante y muchas obras de Aristóteles. Fue un físico con gran talento tanto en el plano teórico como experimental. Se le recuerda como un investigador excepcional, un genio de las matemáticas y con excelentes dotes de maestro. Como director de tesis, seis de sus discípulos obtuvieron el Premio Nobel.

Por sus trabajos sobre radiactividad inducida, en 1938 recibió el Premio Nobel de Física y en su honor fue llamado *fermio* al elemento sintético radiactivo producido en 1952, cuyo número atómico es 100.

Como consecuencia de las leyes antisemitas promulgadas en Italia por Benito Mussolini, después de recibir el premio en Estocolmo no regresó a Italia. Decidió exiliarse en Estados Unidos debido a que su esposa, Laura, era judía. En Nueva York trabajó como profesor en la Universidad de Columbia.

Fermi sabía que producir reacciones nucleares utilizando partículas alfa era difícil y consumía mucha energía. Estas partículas, por tener carga positiva, al acercarse a un núcleo son rechazadas. Para vencer la fuerza de repulsión se le debe suministrar mucha energía cinética.

Para superar esta dificultad pensó bombardear los núcleos con neutrones, las partículas neutras recién descubiertas por James Chadwick. Los neutrones, por no tener carga, no son rechazados por los núcleos de los átomos que se pretende bombardear.

Sólo cuatro semanas después de que los esposos Joliot-Curie crearan isótopos artificiales por bombardeo con partículas alfa, Fermi ya publicaba los resultados, donde demostraba que utilizando neutrones como proyectiles podía producir nuevos elementos.

Utilizando su técnica, en 1937 mediante el bombardeo del molibdeno cuyo número atómico es 42, se logró producir, aislar e identificar el elemento 43 de la tabla periódica, al que se le llamó *tecnecio* y en 1945 se aisló e identificó el elemento 61 de la tabla, al que se bautizó con el nombre de *prometio*. Estos dos elementos son los únicos con número atómico inferior a 84 que no tienen ningún isótopo estable, todos sus isótopos son radiactivos.

El hallazgo más importante de Fermi fue descubrir que la eficacia de las reacciones nucleares se incrementa unas cien veces si la velocidad de los neutrones se reduce antes de incidir en el blanco. La velocidad de los neutrones al ser expulsados por un núcleo es de varios miles de kilómetros por segundo, si pasan a través de sustancias hidrogenadas como el agua o la parafina, en cada colisión con sus átomos pierden velocidad. Los neutrones resultantes, llamados *lentos* o *térmicos*, al tener la velocidad de algunos kilómetros por segundo, permanecen en las proximidades de los núcleos más tiempo, por lo cual la probabilidad de ser absorbidos es mayor, explicó Fermi.

Cuando un neutrón es absorbido por un núcleo, el átomo no se convierte necesariamente en un nuevo elemento, puede convertirse simplemente en un isótopo más pesado. Si el oxígeno-16 gana un neutrón pasa a ser oxígeno-17. También puede ocurrir que un elemento al ganar un neutrón se convierte en un isótopo radiactivo. De hecho, Fermi en su primera publicación reportó que de los 68 elementos que irradió con neutrones lentos, 47 resultaron ser radiactivos,

Fermi también descubrió que en algunas ocasiones cuando un núcleo capturaba un neutrón emitía una partícula beta negativa. Parecía que el neutrón se convertía en un protón y emitía un electrón. El núcleo, al poseer un nuevo protón se transforma en el elemento químico que está situado un escalón más alto en la tabla periódica

Utilizando el mismo procedimiento intentó producir elementos más pesados que el uranio, que para la fecha era el elemento de mayor peso atómico. Suponía que más allá de uranio, cuyo número atómico es 92, debía haber otros elementos que nadie había descubierto, los que ahora llamamos transuránicos. A estos elementos nadie los había descubierto porque debían tener vida media corta, por lo cual no habrían "sobrevivido" el largo pasado de la Tierra. Simplemente se habían desintegrado y desaparecido.

Después del bombardear el uranio con neutrones lentos, no logró identificar la presencia de átomos del elemento 93 ni nadie lo logró durante varios años. Los resultados que obtuvo eran confusos, se producía una mezcla compleja de isótopos radiactivos.

Tanto en Alemania como en Italia y Francia, otros muchos laboratorios se dedicaron a buscar elementos transuránicos, pero la tarea no era fácil. Del bombardeo del uranio aparecían diferentes elementos, por lo que surgieron muchas controversias. Hasta se llegó a sugerir que el núcleo de uranio estallaba y se formaban elementos más livianos. Esta hipótesis, a pesar de acercarse a la verdad, fue descartada.

Muchos investigadores opinaban que era inconcebible que de la reacción nuclear del uranio surgiera, por ejemplo, el lantano, un elemento químico con 52 protones. Lo que significaba que el átomo de uranio había perdido 40 protones, hecho que no admitía explicación alguna.

Aunque Fermi no identificó el elemento 93, seguramente se había formado. Su descubrimiento le correspondió a los físicos estadounidenses Edwin Mattison McMillan y Philip Hauge Abelson, quienes en 1939, utilizando los mismos métodos, lograron identificarlo.

Como el planeta Urano había dado el nombre al uranio, el elemento 93 recibió el nombre de *neptunio*, derivado de Neptuno, planeta que se encuentra más allá de Urano.

El isótopo neptunio-239, formado por 93 protones y 146 neutrones, también emite una partícula beta y escala un peldaño en la tabla periódica. Este nuevo elemento, con número atómico 94, recibió el nombre de *plutonio*, por ser Plutón el planeta que está mas allá que de Neptuno.

El neptunio y el plutonio fueron los primeros elementos transuránicos que se produjeron artificialmente. A ellos les siguieron otros elementos aún más pesados; el americio, el curio, el berkelio, el californio y otros más.

EMILIO SEGRÉ Y LA HISTORIA DEL TECNECIO

Emilio Segrè, quien formó parte de los chicos de la calle Panisperna, nació en la ciudad de Tivoli (Italia) de padres sefardíes, una comunidad judía que vivió en la península Ibérica. Estudió en la Universidad de Roma, La Sapienza, donde uno de sus profesores fue Enrico Fermi. Obtuvo el doctorado en 1928, fue profesor de la misma universidad y luego director del Laboratorio de Física

de la Universidad de Palermo en Sicilia.

En una de sus visitas al Berkeley Radiation Laboratory en California, Segré obtuvo de Ernest Lawrence algunas de las partes descartadas del ciclotrón para que fueran analizadas. Las piezas que habían sido bombardeadas con núcleos de deuterio se habían vuelto radiactivas. Entre ellas se encontraba una hoja de molibdeno que formaba parte del deflector del ciclotrón.

De regreso a la Universidad de Palermo, Segré y sus colegas demostraron que la actividad atribuida al molibdeno era en realidad causada por un elemento desconocido cuyo número atómico era 43. Debido a su gran inestabilidad nuclear, este elemento es casi inexistente en la corteza terrestre. Por ser el primer elemento químico producido en forma artificial se le dio el nombre de *tecnecio*, palabra derivada de la griega technètos que tiene precisamente ese significado.

De regreso a Berkeley, Segré y Glenn T. Seaborg lograron aislar un isótopo del tecnecio, el Tc-99m, que por sus propiedades actualmente se emplea en millones de procedimientos médicos diagnósticos al año. Es utilizado en estudios funcionales del cerebro, pulmones, hígado, miocardio, glándula tiroidea, esqueleto, sangre, vesícula biliar, riñones y para detectar algunos tumores. El libro *Technetium* de Klaus Schwochau enumera 31 radiofármacos basados en el Tc-99m.

En junio de 1938, mientras Segré se encontraba en California para estudiar los isótopos del tecnecio, el gobierno de Benito Mussolini dictó leyes antisemitas que no le permitían seguir enseñando en la Universidad de Palermo. Por tal motivo decidió permanecer en Estados Unidos y por ser judío se le otorgó permiso indefinido de permanencia.

Ernest Lawrence le ofreció trabajo en el Laboratorio de Radiación de Berkeley como Asistente de Investigación con un sueldo de 300 dólares mensuales. Un cargo y un sueldo efímero para un científico de su talla. Además, cuando Lawrence se enteró de su condición migratoria, le redujo el sueldo a 116 dólares, lo que motivó a que Segré renunciara a su cargo. Pronto fue contratado como profesor de física en la Universidad de California. Allí participó en el descubrimiento del plutonio-239, el isótopo que se utilizó en la bomba de Nagasaki.

En 1943, aceptó la invitación de Oppenheimer para formar parte de los científicos de Los Alamos National Laboratory. Allí, durante tres años, dirigió el Grupo de Física Atómica y Nuclear, el más importante del Proyecto Manhattan.

En 1955, en la Universidad de California Emilio Segre y Owen Chamberlain descubrieron el antiprotón. El antiprotón es una antipartícula que tiene la misma masa que el protón pero su carga eléctrica es negativa. Su vida es muy corta, ya que pronto colisiona con un protón y ambas partículas se aniquilan convirtiéndose en energía.

La existencia del antiprotón ya lo había predicho el físico teórico británico Paul Dirac en 1933 y fue confirmado experimentalmente 22 años después por Segré y Chamberlain. Por este descubrimiento, los dos científicos obtuvieron el Premio Nobel de Física en 1959, premio que a Segré le fue negado cuando descubrió el tecnecio.

En los años siguientes emprendió la búsqueda del elemento 85 faltante en la tabla periódica. Para hallarlo, en uno de sus experimentos bombardeó el bismuto-209 con partículas alfa. Luego de varios intentos logró aislar, por medio de procedimientos químicos realizados con Kenneth MacKenzie, el nuevo elemento que actualmente se conoce como *ástato*. El ástato, cuyo nombre derivado del griego significa inestable, es un elemento muy radiactivo producto de la desintegración del uranio y del torio. La cantidad de ástato que se encuentra en la corteza terrestre en un momento dado es de unos 25 gramos, el segundo elemento más raro después del francio.

En 1974 Segré regresó a La Sapienza como profesor de física nuclear. Falleció en 1989 a los 84 años víctima de un ataque cardíaco.

Ettore Majorana

Ettore Majorana, otro genial físico del grupo de via Panisperna, nació en Catania, Sicilia, en 1906. Siendo muy joven, a los 17 años, ingresó en la universidad de Roma para estudiar ingeniería. Tres años después, a sugerencia de Emilio Segré, optó por estudiar física en el Instituto de Física Teórica donde trabajaría con Fermi.

En 1930 obtuvo el doctorado con mención honorífica con la tesis: *La teoría cuántica de los núcleos radiactivos.* En 1933 se trasladó a la ciudad Leipzig donde se relacionó con eminentes físicos alemanes, entre los que se encontraba Werner Heisenberg, con quien compartiría trabajos científicos y una buena amistad.

Al evaluar sus trabajos, se le reconoció por tener un talento especial para las matemáticas. Se destacó en las investigaciones relacionadas con la física de las partículas, en especial con el neutrino. Pasó a formar parte de la historia especialmente por la ecuación de Majorana y el fermión de Majorana.

El 27 de marzo de 1938, cuando contaba con sólo 31 años, desapareció misteriosamente en el Mar Tirreno. Algunas hipótesis apuntan hacia el suicidio, otras que ingresó en un monasterio, otras que se ocultó en América del Sur. Algunos de sus colegas opinaron que Ettore, tenía tendencia a aislarse, no podía entablar fácilmente amistad, era un alma atormentada sin capacidad para solucionar sus conflictos internos, lo que quizá lo llevó a cometer suicidio.

Lo que se conoce acerca de su misteriosa desaparición es que abordó un barco que hacía la travesía entre Nápoles y Palermo, y ya nadie lo volvió a ver ni vivo ni muerto. Lo cierto es que fue una desaparición planificada, dado que envió una carta de despedida a su familia y al director del Instituto de Física de Nápoles que decía:

> *Sólo les pido no vestir de negro, pero si para seguir la costumbre queréis hacerlo, usad únicamente por no más de tres días un distintivo de luto. Recordadme con vuestro corazón y perdonadme.*

Algún tiempo después, en la sección de desaparecidos del semanal La Domenica del Corriere apareció un aviso que evidentemente hacía alusión a Majorana, dado que éste tenía una cicatriz como la descrita:

> *Se ruega a quien sepa de un joven de treinta y un años, delgado, pelo negro, 1,70 de estatura, con una cicatriz en el dorso de la mano, dirigirse al Viale Regina Margherita 66, Roma y solicitar al padre Marianecci.*

Fermi, al recordarlo, compara la genialidad de Majorana con la de Newton y Galileo al escribir:

Hay muchas categorías de científicos, gente de segunda o tercera fila, quienes hacen algo bueno, pero no van más allá. Hay también científicos de primera fila, quienes hacen grandiosos descubrimientos fundamentales para el desarrollo de la ciencia. Pero después están los genios, como Galileo y Newton. Bueno, Ettore era uno de ellos.

OTTO HAHN Y LISE MEITNER

Para la época Alemania disponía de excelentes científicos con capacidad para llevar a cabo proyectos nucleares. Entre ellos se destacaban Otto Hahn, Lise Meitner, Werner Heisenberg y Manfred von Ardenne.

Otto Hahn fue un químico egresado de la Universidad de Marburg en 1901. A pesar de ser un especialista en química orgánica, se dedicó a la investigación relacionada con la física nuclear. Fue director del Instituto Kaiser Wilhelm de Berlín y trabajó en las universidades de Londres y Montreal.

En el University College de Londres, trabajo con Sir William Ramsay, Premio Nobel de Química en 1904. Luego cruzó el Atlántico y se incorporó a la Universidad McGill de Montreal, donde trabajó con Ernest Rutherford y posteriormente en la Universidad de Berlín donde hizo importantes investigaciones con su colega, la física austriaca Lise Meitner.

Lise había nacido en Viena en 1878 en el seno de una familia judía. Estudió física en Viena, luego, a partir de 1917 fue profesora de física de la Universidad de Berlín. Allí trabajo como ayudante de Max Planck midiendo la longitud de onda de los rayos gamma. Por motivos raciales, en 1938 abandonó Berlín y se refugió en Suecia. Allí formó parte del personal de investigación atómica del Instituto de Manne Siegbahn donde permaneció hasta 1960 cuando se trasladó a Inglaterra. Falleció en

64

Cambridge en 1968. Su sobrino Otto Frisch compuso la inscripción en su lápida. "Lise Meitner: una física que nunca perdió su humanidad."

A pesar de que por razones políticas y raciales Lise tuvo que abandonar Alemania, entre ella y Otto Hahn se estableció una larga colaboración y amistad que duraría más de tres décadas. En 1917, Hahn y Meitner lograron aislar el protactinio-231, el isótopo más estable del elemento 91 recién descubierto. Con el protactinio-234, Hahn descubrió el isomerismo nuclear, es decir; la existencia de dos núcleos con igual número de protones y neutrones pero con diferente vida media. El Pa-234m tiene vida media de 1,17 minutos y el Pa-234 tiene vida media de 6,75 horas.

Ya en 1871 Mendeleiev predijo la presencia del protactinio, elemento que debía estar situado en la tabla periódica entre el uranio y el torio. El protactinio natural se encuentra en los minerales que contienen uranio y torio, dado que proviene de la desintegración de estos dos elementos. Su concentración en la pechblenda es de una a tres partes por cada 10 millones.

En 1939, siguiendo la línea de investigación trazada por Fermi, Hahn, Meitner y el joven químico alemán, Fritz Strassmann, obtuvieron nuevos elementos radiactivos. Durante uno de sus experimentos, Hahn y Strassmann bombardearon uranio-235 con neutrones lentos y en lugar de obtener un elemento más pesado que el uranio, obtuvieron trazas de bario, un elemento mucho más ligero cuyo número atómico es 56. Ellos, al igual que Fermi, no encontraron explicación alguna.

Lise Meitner, tras recibir en Estocolmo los informes procedentes del laboratorio de Hahn, se aventuró a afirmar que, por muy insólito que pareciera, solo encontraba una explicación: el núcleo del átomo de uranio se partía en dos. En realidad lo que sucedía era que el núcleo de uranio al absorber un neutrón se deforma hasta tal punto que adquiere la forma de un ocho y la repulsión entre las dos mitades hace que éstas se separen.

El núcleo no se separa siempre en el mismo lugar, los fragmentos pueden tener diferente composición y esto fue precisamente lo que desconcertó a Fermi y Hahn. Aun así, la fragmentación mas frecuente da origen a núcleos de bario y criptón.

El biólogo estadounidense William A. Arnold, quien trabajaba con Niels Bohr, propuso llamar *fisión* a esa fragmentación, el mismo término utilizado para la división de las células vivas.

Como resultado de la fisión los físicos notaron otro hecho insólito: la cantidad de energía que se producía al fisionarse un núcleo de uranio era unas diez veces superior a la producida en cualquier otra reacción nuclear, debido a que en la fisión la pérdida de masa es mayor.

La fisión nuclear fue anunciada por Hahn en 1939, lo que valió para que fuera galardonado en 1944 con el Premio Nobel de Química. Este hecho, es la muestra más evidente de que el Comité del Premio Nobel ignoraba los descubrimientos científicos realizados por mujeres, por lo que Lise nunca fue reconocida como coautora. Sin embargo, por sus contribuciones científicas le fue otorgado en Estados Unidos el prestigioso Premio Enrico Fermi.

En el momento en que le fue otorgado el premio, Hahn se encontraba prisionero en Inglaterra. Sus captores querían indagar sobre los adelantos en materia atómica que se desarrollaron en Alemania. Por tal motivo, fue obligado a redactar una carta donde manifestaba aceptar el premio y al mismo tiempo se excusaba por no poder asistir a la entrega.

Durante la ceremonia, el presidente del comité irónicamente anunció: "El profesor Hahn nos ha informado que lamenta no poder asistir a esta ceremonia."

Hahn tras haber colaborado durante la Primera Guerra Mundial en la producción de armas químicas y gases tóxicos, circunstancia que lo dejó profundamente marcado durante el resto de su vida, se convirtió en un pacifista radical que se oponía al desarrollo de cualquier tipo de arma, incluida la atómica.

BRUNO PONTECORVO

Bruno Pontecorvo, el más joven de los físicos de Vía Panisperna, nació en 1913 cerca de la ciudad de Pisa en el seno de una familia judía. Para estudiar física, a los 18 años ingresó a la Universidad de Roma. Pronto se convirtió en uno de los ayudantes más cercanos a Fermi, con quien colaboró en los experimentos de fisión nuclear con neutrones lentos. Fermi lo describe como uno de los más brillantes científicos con quien estuvo en contacto durante toda su carrera.

Para trabajar con Iréne y Frédéric Joliot, en 1936 Pontecorvo se trasladó a París. Durante su estadía conoció quien sería su esposa, Marianne, una joven estudiante sueca. Aunque Pontecorvo ya pertenecía al partido comunista italiano, durante su permanencia en la Ciudad Luz fue seducido por la ideología marxista y comunista.

En agosto de 1940 París fue tomada por las tropas nazis, por lo que tuvo que refugiarse en Estados Unidos. Allí trabajo en una empresa petrolera en Oklahoma, donde puso a punto una nueva técnica de introspección que utilizaba los recién descubiertos neutrones lentos como trazadores. En ese país, debido probablemente a sus ideas comunistas, fue excluido del Proyecto Manhattan.

En 1948, tras obtener la nacionalidad inglesa, fue llamado por la Atomic Energy Research Establishment para que formara parte del proyecto de la bomba atómica británica.

En agosto de 1950, en plena guerra fría, estando de vacaciones en Italia tanto él como su familia desaparecieron. Se habían trasladado clandestinamente a la ciudad soviética de Dubna, donde Pontecorvo colaboró con en el desarrollo de uno de los centros de investigación nuclear más grandes del mundo. Allí cambió su nombre por Bruno Maksimovič Pontekorvo.

Pensando que podría tratarse de un nuevo caso Majorana, su misteriosa desaparición causó considerable revuelo. Posteriormente fue localizado por los servicios de inteligencia occidentales, los cuales se mantuvieron alerta ante la posibilidad de que llegara a revelar secretos atómicos.

En la Unión Soviética, no obstante haber sido recibido con honores, fue aislado del mundo. Sólo en 1955 se le permitió asistir a una rueda de prensa donde debía explicar las razones que lo llevaron a desertar de occidente. A pesar de los hechos, Bruno Pontecorvo nunca aceptó ser catalogado como un espía a favor de la Unión Soviética y nunca se pudo comprobar lo contrario.

En Dubna realizo investigaciones relacionadas con la física de las partículas, particularmente con neutrinos. Fue profesor de la Universidad de Moscú, miembro asociado de la prestigiosa Academia Soviética de la Ciencia y galardonado con el Premio Lenin. Sin embargo, logró muy poco prestigio personal, pues nunca se le concedió la visa para asistir a congresos internacionales.

En 1978, cuando tenía 65 años y ya mostraba los primeros

síntomas de la enfermedad de Parkinson, se le permitió regresar a Italia para recibir tratamiento. Regresó a Dubna donde falleció en 1993 a los ochenta años. Atendiendo a su voluntad, la mitad de sus cenizas fueron sepultadas en Dubna y la otra mitad en el cementerio católico de Roma.

LEO SZILÁRD Y LA REACCIÓN EN CADENA

 Leó Szilard fue un fecundo físico húngaro-judío doctorado en la Universidad de Berlín. En 1928 presentó una solicitud de patente de un acelerador lineal, en 1929 la de un ciclotrón y concibió la idea del microscopio electrónico. En 1933, a los pocos meses de la subida al poder de Hitler, para evitar la persecución nazi y para poder seguir con sus investigaciones relacionadas con la física nuclear, se trasladó a Londres.

Szilárd fue probablemente el primer científico que pensó seriamente que se podría emplear la reacción en cadena para construir una superbomba. La idea le vino a la mente en septiembre de 1933 tras leer la novela "The World Set Free"de H. G. Wells, publicada en 1914, donde se pronostica la fabricación de potentes explosivos.

Sin embargo, Rutherford, investigador rodeado de gran prestigio internacional, aseguraba que no existía la menor posibilidad de que la energía atómica pudiera ser utilizada con fines prácticos, lo cual quedó registrado en un artículo publicado en 1933 en la revista *The Times*, cuyo resumen decía:

> *Con estos procesos podemos obtener mucho más energía que la suministrada por el protón, pero en promedio no podemos esperar obtener energía de esta forma. Es una manera muy pobre e ineficiente de hacerlo. Es un disparate buscar en la transformación de los átomos una fuente de energía, pero el tema es científicamente interesante ya que se mete en el interior de los átomos.*

Szilárd, aparte de sospechar que Rutherford no estaba en lo cierto, basaba su hipótesis en las ideas de Fermi, quien aseguraba que al fisionarse núcleos de uranio deberían liberarse neutrones. Tal afirmación parecía probable, ya que los núcleos pesados poseen más neutrones por protón que los más livianos. El uranio-238, por ejemplo, se fragmenta en bario-138 y criptón-86, el bario tiene 82 neutrones y el criptón 50, lo que suma 132 neutrones. El uranio-138 tiene 146 neutrones por lo que al fisionarse deberían liberarse 14 neutrones por átomo.

Ante tal posibilidad, el proceso de fisión del uranio fue inmediatamente estudiado por los físicos, entre los que se encontraba Szilárd y pronto comprobaron que se producían los esperados neutrones.

¿Pero servirían estos neutrones para iniciar nuevas fisiones que a su vez producirían más fisiones? De ser así, al iniciarse la reacción, en millonésimas de segundo habría tantos núcleos desintegrándose que producirían una enorme explosión, millones de veces más potente que las explosiones químicas.

Szilárd tenía la certeza de que era factible y que de la reacción nuclear se obtendría una bomba de enorme fuerza explosiva, a la que llamaría *bomba nuclear*. Intentó generar una reacción en cadena utilizando berilio e indio, pero no obtuvo el resultado esperado.

Para evitar que se apropiaran de su idea, patentó el procedimiento de la reacción en cadena en Inglaterra (UK Patent 630726) y cedió la patente al Almirantazgo Británico.

Para seguir sus investigaciones, en 1939 viajo a Estados Unidos invitado por la Universidad de Columbia, donde trabajó con Enrico Fermi. Allí, ambos determinaron que el uranio era el elemento adecuado para producir la reacción en cadena y patentaron su hallazgo (U.S. Patent 2708656).

Tras el descubrimiento de la fisión nuclear, los físicos alemanes empezaron su proyecto nuclear, y Szilárd, que en 1937 se encontraba en Estados Unidos, tenía la firme convicción de que poseían la capacidad científica y técnica para construir una bomba nuclear. Una bomba de ese tipo podría tener efectos decisivos sobre el resultado de una contienda bélica.

A finales de 1939, Einstein y Szilárd consideraron su deber dirigir una carta al presidente de Estados Unidos para alertarle sobre el peligro que representaban las armas nucleares en poder de los nazis y lo exhortaban a tomar medidas. Aquella carta contribuyó a que se iniciara y se le diera prioridad al Proyecto Manhattan.

La traducción de la carta que seguramente cambió el curso de la historia es la siguiente.

2 Agosto 1939

Franklin D. Roosevelt
Presidente de los Estados Unidos
White House
Washington, D.C.

Señor:

De acuerdo a trabajos recientes realizados por Enrico Fermi y Leó Szilárd, de los cuales he sido informado por medio manuscritos, he llegado a la conclusión que el elemento uranio pueda convertirse en una nueva e importante fuente de energía en el futuro inmediato.

Últimamente, se han producido ciertos hechos que a mi entender deberían ser vigilados y si fuese necesario, tomar rápida acción por parte de su Administración. Por ello, creo que es mí deber llamar su atención sobre los siguientes hechos y hacerle algunas recomendaciones: De acuerdo a los trabajos realizados en los últimos cuatro meses por Joliot en Francia y por Fermi y Szilárd en Estados Unidos, existe la posibilidad de que en una gran masa de uranio se podría iniciar una reacción nuclear en cadena, que generaría enormes cantidades de energía y grandes cantidades de nuevos elementos similares al radio y es muy probable este objetivo podría alcanzarse en el futuro inmediato.

La reacción en cadena podría conducir a la construcción de un nuevo tipo de bomba extremadamente poderosa. Una sola bomba de ese tipo llevada por barco y explotada en un puerto, podría destruir por completo el puerto y el territorio que lo rodea. Sin embargo, tales bombas podrían ser muy pesadas para ser transportadas por aire.

Los Estados Unidos solo cuentan con vetas de uranio muy pobres y en cantidades moderadas. En tanto que Canadá y la anterior Checoslovaquia tienen muy buenas vetas y el Congo Belga cuenta con las reservas más importantes de uranio.

En vista de la anterior situación, sería deseable que usted establezca algún tipo de contacto permanente entre su Administración y el grupo de físicos que en Estados Unidos trabajan en el campo nuclear. Una forma de lograrlo, sería comprometer una persona de su entera confianza para realizar extraoficialmente estas funciones, que serían las siguientes:

a.- Establecer contacto entre los diferentes ministerios y mantenerlos informados de los planes de desarrollo, hacer recomendaciones para coordinar las acciones de Gobierno y prestar particular atención para asegurar un suministro confiable de mineral de uranio para los Estados Unidos.

b.- Acelerar los trabajos experimentales que en estos momentos se están efectuando con los solos presupuestos limitados de las universidades. Obtener financiación de entidades particulares dispuestas ha hacer contribuciones para esta causa y obtener la colaboración de laboratorios industriales que disponen de los equipos necesario.

Tengo entendido que Alemania ha suspendido la venta de uranio proveniente de las minas de Checoslovaquia recientemente tomadas por la fuerza. Esta acción, podría entenderse si se tiene en cuenta que el hijo del Sub-Secretario de Estado Alemán, von Weizäcker, está asignado al Instituto Kaiser Guillermo de Berlín, donde se están replicando algunos trabajos con uranio realizados en Estados Unidos.

Sinceramente,

Albert Einstein

WERNER HEISENBERG Y EL PRINCIPIO DE INCERTIDUMBRE

Werner Heisenberg fue uno de los físicos más brillantes del siglo XX. Nació en Wurzburgo, Alemania, en 1901, estudió en la Universidad de Munich y obtuvo su doctorado en 1923. Durante sus estudios de doctorado conoció a Wolfgang Pauli, con quien colaboró estrechamente en el desarrollo de la mecánica cuántica. A partir de 1924 y por tres años, obtuvo una beca de la Fundación Rockefeller para trabajar con el físico danés Niels Bohr en la Universidad de Copenhague.

Es conocido principalmente por formular el principio de incertidumbre,[14] una contribución fundamental al desarrollo de la teoría cuántica, por lo cual, en 1932 fue galardonado con el Premio Nobel de Física.

A partir de 1942 fue director del Instituto Max Planck de Berlín y se encargó de llevar a cabo investigaciones conducentes al desarrollo de armas atómicas, para lo cual, en conjunto con Otto Hahn, proyectaron construir un reactor nuclear. Desarrollaron el reactor nuclear de Haigerloch que utilizaba como moderador agua pesada.[15] En él, debía ocurrir una reacción en cadena rápida, lo que equivalía a una explosión nuclear. El proyecto no culminó exitosamente y la guerra terminó sin que Alemania tuviera su propio reactor operativo.

Por la gran capacidad técnica de los científicos alemanes, cuesta creer que su proyecto no tuviera éxito. Muchos suponen que el fracaso no fue por incompetencia, sino para evitar que Hitler tuviera en su poder un arma tan poderosa.

En 1941, Heiseberg, aun arriesgando su vida viajó a Copenhaguen para reunirse con Niels Bohr, donde se supone que acordaron retardar todo proyecto nuclear hasta que la guerra terminara.

En julio de 1967, Heiseberg, en una entrevista hizo importantes declaraciones que aquí se resumen:

> *Sabíamos que era posible hacer explosivos atómicos, pero requería de un esfuerzo enorme y tomaría tanto tiempo que posiblemente la guerra terminase antes de lograrlo.*
>
> *Sin embargo, gracias el éxito del experimento L-4, cuando determinamos que era posible fabricar reactores y cuando, gracias a los trabajos de Weizsäcker, supimos que podíamos obtener plutonio, llegamos a la conclusión que podíamos crear la bomba atómica. Pero no hicimos ningún tentativo serio en ese sentido, pues*

---

[14]El principio de incertidumbre establece que es imposible medir simultáneamente de forma precisa la posición y el momento lineal de una partícula.

[15]Se denomina agua pesada a una molécula de composición química equivalente al agua, en la que los átomos de hidrógeno son sustituidos por deuterio; un isótopo pesado del hidrógeno, siendo por tanto un 11% más densa.

sabíamos que producir suficiente agua pesada tomaría unos tres años y producir el plutonio necesario tres años más, por lo que informamos que no era posible obtener armas atómicas antes de cinco años. También sabíamos que el Estado prohibía cualquier tipo de desarrollo que no pudiera utilizarse dentro de un año, por lo que decidimos no dedicar mayor esfuerzo a la fabricación de la bomba atómica. Eso fue lo que pasó.

Con estas declaraciones Heiseberg estaba confirmando que en Alemania nunca hubo un proyecto serio encaminado a producir armas nucleares y la carrera por obtener una bomba atómica alemana nunca existió.

ROBERT OPPENHEIMER Y LA MASA CRÍTICA

Hijo de inmigrantes alemanes, Robert Oppenheimer un fue un físico teórico judío-estadounidense nacido en Nueva York en 1904. Cursó sus estudios en la Universidad de Harvard, donde se graduó en sólo tres años Summa Cum Laude en Química. Continuó sus estudios en Europa donde fue admitido en el Laboratorio Cavendish de la Universidad de Cambridge bajo la tutela de Ernest Rutherford. En 1926, se trasladó a la Universidad de Göttingen en Alemania, que para la fecha era uno de los más prestigiosos centros en física teórica de Europa. Allí trabajó al lado de acreditados físicos como el danés Niels Bohr y el británico Paul Dirac y donde no sólo obtuvo el título de doctor a la temprana edad de veintidós años, sino que se reveló como una de las grandes promesas de la física contemporánea.

En 1927 regresó a Estados Unidos, fue docente de la Universidad de Harvard y un año después aceptó la oferta para trabajar como investigador en el prestigioso Instituto Tecnológico de California (CalTech) y como docente en la Universidad de Berkeley. En los años siguientes, al igual que muchos de sus colegas intelectuales, empezó a mostrar simpatía por los movimientos políticos de izquierda y, aunque nunca llegó a inscribirse en el Partido Comunista, invirtió buena parte de su heredada fortuna en financiarlos. En 1940 contrajo matrimonio con Ketherine Puering Harrison, una estudiante conocida por sus ideas radicales de izquierda.

A finales de los años treinta, mientras permanecía en la Universidad de Berkeley, cooperó con Ernest Lawrence en el incipiente proyecto que conduciría a la fabricación de armas atómicas que se estaba llevando a cabo en el Laboratorio de Radiación.

Ante la evolución de los eventos bélicos que acontecían en Europa, el ejército de Estados Unidos se hizo cargo del Proyecto Manhattan y desde su inicio, en 1941, Oppenheimer fue nombrado director científico.

Ante la posibilidad de producir la fisión del núcleo del átomo, anunciada en Alemania por Otto Hahn, y ante el éxito del cálculo de la *masa crítica*[16] del uranio-235, hecho por el mismo, Oppenheimer tuvo la certeza de que la creación de la bomba atómica era un hecho cierto.

Esta posibilidad se hizo realidad con el éxito alcanzado con prueba nuclear Trinity y con las detonaciones de Hiroshima y Nagasaki.

A Oppenheimer se le reconoce como *padre de la bomba atómica*. Sin embargo, durante el periodo en que estuvo relacionado con las investigaciones nucleares, el FBI lo mantuvo vigilado. Sospechaban de él por sus ideas de izquierda y por seguir manteniendo vínculos con sus antiguos amigos extremistas.

Al terminar la guerra y al advertir que sus investigaciones científicas habían causado miles de bajas y habían propiciado el inicio de una carrera armamentista entre las principales potencias mundiales, pidió perdón a todas las víctimas, se convirtió en un gran defensor del uso de la energía atómica con fines pacíficos y se opuso a la fabricación de las bombas termonucleares, que años antes el mismo había propuesto. Luego fue asesor de la recién fundada Comisión de Energía Atómica, apoyó el control internacional de las armas nucleares y durante la Guerra Fría se opuso a la carrera armamentista entre Estados Unidos y la Unión Soviética. Fue galardonado en 1963 con el prestigioso premio "Enrico Fermi". Falleció en Princeton en 1967, a los 63 años.

---

[16]La masa crítica es la mínima cantidad de material fisionable requerida para que se produzca una reacción en cadena. La masa crítica depende de la densidad y de la forma geométrica del material. La forma geométrica en la cual se requiere menos cantidad de material fisible es la esfera.

EL REACTOR DE FERMI

A finales de 1938 Fermi se había trasladado a Estados Unidos. Durante cuatro años trabajo en la Universidad de Columbia en Nueva York, luego, en 1942 se trasladó a la Universidad de Chicago donde fundó el Laboratorio de Metalurgia. El nombre del laboratorio no indicaba lo que verdaderamente se estaba investigando, sino trataba de encubrir su verdadero propósito altamente secreto, el de construir un reactor nuclear.

Una huelga de trabajadores impidió que el reactor fuera instalado en el Laboratorio, tuvieron que utilizar un espacio abandonado bajo las grada del campo de fútbol americano de la Universidad de Chicago.

Allí, en Chicago, la segunda ciudad más poblada de Estados Unidos, el 2 de diciembre de 1942 Fermi y sus colaboradores, entre los que se encontraba Szilárd, lograron la primera reacción nuclear en cadena artificial auto sostenida. El reactor nuclear, que fue llamado *Chicago Pile-1* o *CP-1*, alcanzó criticidad a las 3:25 de la tarde y fue mantenido encendido por veintiocho minutos.

Fermi confiaba tanto en sus cálculos que le aseguró al director del proyecto que nada volaría por los aires. Para su diseño, era de vital importancia determinar cuál era la masa de uranio necesaria para producir la reacción en cadena y sobretodo, una vez producida, cómo controlarla. De no hacerlo, el resultado podría ser una explosión nuclear devastadora para la ciudad.

El 2 de diciembre de 1942 fue el día en que el hombre ingresó a la era nuclear, había descubierto una nueva fuente de energía y había aprendido a aprovecharla. A pesar de la importancia del descubrimiento, la casi totalidad de los habitantes de planeta desconocían lo ocurrido en Chicago. Vinieron a enterarse el 6 de agosto de 1945, tras la detonación de la bomba atómica sobre la ciudad japonesa de Hiroshima.

Antes de lograr la reacción en cadena, se tuvieron que resolver enormes problemas técnicos concadenados, como por ejemplo, confinar los neutrones libres para evitar que se perdieran. Sólo una parte de los neutrones generados en un material fisionable van a producir una nueva fisión, algunos se pierden o son absorbidos por otros materiales. Para que la fisión nuclear se auto sostenga, es necesario que la cantidad de neutrones generados en cada fisión sea suficiente para producir por lo menos una nueva fisión. Para incrementar la probabilidad de que esto suceda, los neutrones libres deben ser lentos. Para reducir su velocidad se hacen pasar por un material llamado *moderador*. Entre los moderadores se encuentra el agua pasada y el grafito. El moderador debe ser un material que no frene por completo los neutrones, de lo contrario no sería un moderador sino un absorbente, como lo son el boro y el cadmio, que se emplean precisamente para interrumpir la reacción en cadena.

El CP-1 fue construido como parte del Proyecto Manhattan. Utilizaba pastillas uranio como combustible y grafito como moderador. No tenía sistema de refrigeración y su potencia se controlaba operando unas barras de cadmio e indio, que al introducirse entre las pastillas de uranio controlaban la potencia absorbiendo más o menos neutrones. Fue construido pieza por pieza bajo la dirección de Fermi. Para terminar pronto, las personas que lo construyeron hacían turno de doce horas y el día siguiente de haberlo armado fue puesto en funcionamiento.

En enero de 1943, el CP-1 fue desmontado y trasladado en las afueras de la ciudad, en el bosque de Argonne. Tras envolverlo en un escudo protector contra las radiaciones, fue enterrado. En el lugar del entierro se colocó un aviso tallado sobre una enorme piedra que dice:

> *"ADVERTENCIA - no cavar aquí. En esta área está enterrado material radiactivo proveniente de una investigación nuclear realizada en 1943. Desde 1949, el área de entierro está marcada por seis mojones situados a 100 pies de este punto central.*
>
> *No hay peligro para los visitantes.*
> *Departamento de Energía de los Estados Unidos"*

El acceso a la energía nuclear se presentó precisamente cuando se pronosticaba que los combustibles fósiles se agotarían en algunas décadas. Frente a ese panorama, la energía nuclear surgía como una alternativa muy oportuna para enfrentar el creciente consumo mundial.

Fue decepcionante descubrir que de todo el uranio presente en la corteza terrestre, sólo el 0,7% era uranio-235, el único isótopo fisible. Asumiendo que se pudiera disponer de toda la existencia, las reservas mundiales seguirían siendo limitadas.

Afortunadamente pronto se descubrió otro combustible nuclear, el plutonio-239. El plutonio es un elemento radiactivo que se encuentra en pequeñas cantidades en minas de uranio, pero se puede obtener artificialmente partir del uranio-238. Al absorber un neutrón, el plutonio-239 se fisiona y libera neutrones de donde se genera la reacción en cadena.

La conversión de uranio-238 a plutonio-239 se efectúa en un reactor reproductor (breeder reactor). El reactor reproductor tiene la particularidad de general más material fisible del que consume.

FISIÓN NUCLEAR

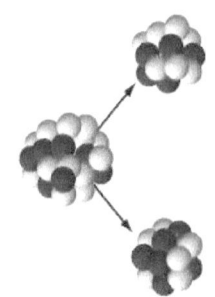

Hacia el inicio de la Segunda Guerra Mundial, el anuncio de la fisión nuclear causó gran inquietud. Saber que de la fisión podían liberarse nuevos neutrones y generar una reacción en cadena, causó aún más inquietud. Se vislumbraba que podía generarse tal cantidad de energía como nunca visto antes. Los científicos no podían imaginar que sus descubrimientos pronto serían utilizados para construir centrales nucleares y bombas atómicas.

La fisión nuclear es una reacción que tiene lugar en el núcleo del átomo. Ocasionalmente un núcleo fisionable experimenta fisión espontánea, pero la fisión puede ser inducida artificialmente en los reactores nucleares mediante el bombardeo de átomos fisionables con neutrones.

Los nuevos elementos químicos derivados de la fisión pueden ser varios, sin embargo, el resultado más probable es que se produzcan dos núcleos con aproximadamente la mitad de los protones y la mitad de los neutrones del átomo original. Además se producen neutrones libres, partículas alfa, beta y radiación gamma. Los átomos producto de la fisión generalmente son inestables, buscan estabilidad mediante su propia cadena de desintegración.

La suma de las masas de todos los fragmentos generados en la fisión es alrededor del 1% menor que la masa original del átomo. Según la teoría de Einstein, la diferencia de masa se convierte en energía. La energía liberada por cada fisión nuclear es de unos

200 MeV.[17] El 82% es utilizada para suministrar energía cinética a los fragmentos y el resto se emite en forma de radiación electromagnética, llamada radiación gamma.

Los elementos más utilizados como combustible en las centrales nucleares son el uranio-235 y el plutonio-239, el primero natural y el segundo producido en reactores. El uranio-235, por ejemplo, al absorber un neutrón se convierte en uranio-236, un isótopo muy inestable que se fisiona, emite radiación gamma y libera de 2 a 5 neutrones que son utilizados para causar nuevas fisiones.

---

[17]1 MeV $= 1,609 \times 10^{-13}$ Joules

Los hombres todavía están aprendiendo a manejar las poderosas fuerzas que han desatado.

Mijaíl Gorbachov

CENTRALES NUCLEARES

Las centrales nucleares son instalaciones industriales que a partir de la energía nuclear generan electricidad. Hasta mediados de siglo XX, los combustibles fósiles fueron los grandes suplidores de energía y aún hoy suministran un 87%. Parte del 13% restante proviene de algún reactor nuclear.

El reactor nuclear es una máquina fascinante que siempre ha suscitado cierto grado de fantástico rechazo. Nació durante la Segunda Guerra Mundial dentro del más estricto secreto militar.

En el reactor nuclear se inicia, controla y mantiene una reacción nuclear en cadena. Cada segundo en su núcleo se fisionan unos 1.000.000.000.000 átomos y en ocho horas se genera el calor equivalente a la energía liberada por la bomba atómica detonada en Hiroshima.

La potencia que entrega un reactor de fisión varía entre unos cuantos kilovatios y 1500 megavatios eléctricos y es empleada para generar electricidad, propulsar barcos y submarinos, y producir plutonio. Se emplea también para producir materiales para armamentos nucleares, combustible para otros reactores y diversos radioisótopos utilizados en la industria, la medicina y la investigación.

Las centrales nucleares deben ser emplazadas en zonas cercanas a una fuente de abundante de agua fría como un mar, río o lago; debido a que su agua es utilizada para enfriar el reactor.

Los reactores que emplean uranio como combustible pueden utilizar uranio natural o uranio enriquecido. El uranio natural contiene sólo un 0,7% de átomos de uranio-235. Para que se produzca reacción en cadena con tan baja concentración, es necesario aumentar la eficiencia del reactor evitando principalmente la absorción no deseada de neutrones. Esto implica un encarecimiento de las estructuras, que generalmente es compensado por un costo menor del combustible. También puede usarse uranio-235 enriquecido a un 4% que se obtiene mediante complicados y costosos procesos descritos más adelante.

El uranio empleado en reactores se presenta como un polvo negro en forma de óxido que se introduce y comprime en tubos metálicos de sección cuadrada, llamados *barras de combustible*. Las barras de combustible dispuestas geométricamente forman un cubo que es el núcleo del reactor.

El reactor es una estructura que en su interior aloja el núcleo. En algunos, el núcleo se ubica a unos 10 metros de profundidad en el interior de una piscina, en otros, en el interior de un recipiente de acero.

Para que un reactor pueda funcionar y se mantenga la reacción en cadena, es necesario que el conjunto de barras que forman el núcleo contengan una masa de material fisible superior a la crítica. Para controlar la reacción, es necesario disponer de barras de control hechas con un material absorbente de neutrones que se introducen entre las barras de combustible. Estas barras controlan el número de neutrones libres en el núcleo, es decir, el número de fisiones por segundo, lo que equivale a la potencia del reactor.

En la actualidad, gran parte de las centrales nucleares estás diseñadas para producir energía eléctrica y todas utilizan la fisión nuclear para generarla. El calor generado en el núcleo convierte el agua en vapor y el vapor es utilizado para mover las turbinas que mueven los generadores que producen electricidad.

El vapor caliente, después de pasar por las turbinas se enfría y condensa en un intercambiador de calor, para lo cual entra en contacto con tuberías de agua fría. La columna de humo blanco que se observa en las chimeneas de las centrales nucleares, es precisamente el vapor generado en el intercambiador de calor.

Actualmente existen unas 450 centrales nucleares que suministran el 17% de energía eléctrica mundial. Los países con más centrales nucleares son: Estados Unidos con 104, Francia con 58 y Japón con 54.

A pesar de que la energía eléctrica proveniente de centrales nucleares representa un gran ahorro del combustible fósil, tiene como principal inconveniente la generación de residuos radiactivos. Algunos de ellos demoran siglos y hasta milenios en perder su radiactividad, son difíciles de eliminar y extremadamente peligrosos para las personas y el medio ambiente.

En las centrales nucleares han ocurrido y seguirán ocurriendo incidentes que hacen que estas instalaciones tengan entusiastas defensores y fervientes opositores.

La vida útil de las centrales nucleares es de unos 40 años. Durante ese período, a medida en que el reactor entrega energía, el combustible se empobrece y es necesario reemplazarlo. Cumplida la vida útil, hay que someterlos a un proceso de renovación de algunas de sus partes o desmantelarlos. El cálculo económico es el que determina la opción.

Durante la vida útil, debe recuperarse el costo de la central y el costo de desmantelamiento o de renovación, que son muy elevados. El desmantelamiento involucra el manejo de desechos nucleares y su almacenamiento en depósitos especiales.

Para evitar accidentes, las centrales nucleares deben ser emplazadas en zonas no sísmicas. Aunque están provistas de muchos sistemas automáticos de seguridad, su utilización es considerada peligrosa, especialmente debido a los errores humanos como, por ejemplo, los acaecidos en la central de Chernobyl.

ENRIQUESIMIENTO DEL URANIO

El uranio se encuentra en la naturaleza en una relación isotópica de 99,3% de uranio-238 y 0.7% de uranio-235. El uranio-238 al ser bombardeado con neutrones, los absorbe, por tanto no tiene probabilidad de producir una reacción en cadena, en cambio el uranio-235 reacciona fisionándose. En la mayor parte de los reactores la concentración del uranio-235 utilizado está comprendida entre el 3 y el 5% y en las armas nucleares cerca del 95%.

Debido a que los isótopos son químicamente indistinguibles y tienen masas muy parecidas, el procedimiento para separarlos es complicado y demanda un gran esfuerzo técnico, científico y pecuniario.

Para obtener la concentración requerida para el programa del Proyecto Manhattan, se utilizó el método de separación magnética desarrollado por Ernest Lawrence, denominado *calutron*. Con este método, la separación de los isótopos se obtenía sometiéndolos a un intenso campo magnético, por lo cual tuvieron que construir potentes electroimanes. Debido a la escasez de cobre, las bobinas de los electroimanes fueron hechas utilizando toneladas de plata prestada por Departamento del Tesoro de Estados Unidos.

A finales de 1944, después de dos años de trabajo y de haber gastado millones de dólares, sólo disponían de unos cuantos gramos de uranio-235. Por tal motivo, a principios de 1945 el método de la separación magnética fue eliminado y sustituido por el método de difusión gaseosa. Este método, a pesar de ser más eficiente, para julio de 1945 sólo había producido dos kilogramos de uranio-235.

Durante este proceso, el uranio se combina con flúor para formar un gas muy corrosivo; el hexafluoruro de uranio. En este compuesto hay moléculas de uranio-238 y de uranio-235. Las primeras por ser más pesadas, al difundirse por una membrana porosa "quedan atrás". Después de pasar por muchas membranas, las moléculas pasadas se van separando de las de uranio-235, que por ser más livianas van adelante. Puesto que la diferencia de masa entre los dos isótopos es de sólo el 1,26%, para obtener la concentración requerida, la difusión debe realizarse miles o millones de veces, por lo que se requieren instalaciones enormes.

 El procedimiento que permitió la producción de uranio-235 en cantidad suficiente y con la concentración adecuada, fue inventado por el alemán Manfred von Ardenne. Von Ardenne, a pesar de ser uno de los investigadores más productivos y versátiles del siglo XX, no es muy conocido. Muchos de sus trabajos los realizó en la extinta Alemania Oriental y muchos de sus logros fueron ocultados por las fuerzas vencedoras aliadas.

Von Ardenne fue un científico autodidacta. A la edad de 15 años inventó y patentó el tubo de rayos catódicos, que luego se utilizaría en los primeros televisores. Registró unas 600 patentes relacionadas con disciplinas bastante disímiles, como las comunicaciones de radio y televisión, la microscopia electrónica, la física del plasma, la instrumentación médica, la tecnología nuclear y el visor nocturno de infrarrojo. En 1936 alcanzó gran notoriedad al implantar la transmisión por televisión de los Juegos Olímpicos de Berlín. También desarrolló los fusibles infrarrojos, que presuntamente fueron utilizados por Estados Unidos para detonar la bomba de plutonio en Nagasaki.

Durante la Segunda Guerra Mundial, mientras trabajaba para el III Reich desarrolló en su laboratorio subterráneo de Berlín un método mucho más económico y efectivo para concentrar el uranio-235. El método consistía en centrifugar el hexafluoruro de uranio en una serie de cilindros en cascada que giraban a unas 70.000 revoluciones por minuto. Las moléculas de uranio-238, por ser más pesadas, se concentraban en la periferia de los cilindros, en tanto que las de uranio-235 se acumulaban y recogían en el centro, para luego inyectarse en el siguiente cilindro. La operación se repetía miles de veces hasta obtener la concentración deseada de uranio-235.

Para producir la cantidad de uranio necesaria para fabricar una bomba atómica se requerían unas 1500 máquinas centrifugando durante un año. El sistema de von Ardenne reemplazó casi totalmente el método de difusión gaseosa y fue utilizado por los rusos a partir de 1946 y por los estadounidenses a partir de 1958.

Por desconocer este procedimiento, los estadounidenses descartaron la fabricación de la bomba de uranio y concentraron sus esfuerzos en la producción de la bomba de plutonio.

Por ser von Ardenne quien logró el enriquecimiento del uranio, muchos lo consideran el verdadero creador de la bomba atómica.

Durante 17 años, hasta 1945, von Ardenne dirigió el famoso Laboratorio de Investigación de la Física de los Electrones[18]. Ese mismo año, en mayo de 1945, los soviéticos que habían llegado a Berlín ocuparon el laboratorio. Días después con su consentimiento él , su familia y todos sus equipos fueron trasladados a la ciudad de Sikhumi en la Unión Soviética. Allí estuvo diez años participando en el proyecto de la bomba atómica rusa. Durante ese periodo fue galardonado dos veces, en 1947 y 1953 con el Premio Stalin.

A su regreso a la República Democrática Alemana se instaló en los suburbios de la ciudad de Dresden. Allí fundó otro laboratorio privado, el Forschungsinstitut Manfred von Ardenne[19] donde trabajo hasta 1990. Sus últimos años los dedicó al desarrollo de

---

[18] *Hungslaboratorium für Elektronenphysik* en alemán.
[19] *Instituto de investigación Manfred von Ardenne* en español.

métodos de terapias oncológicas. Falleció en 1997 a la edad de 90 años.

Al final de la guerra, el método de centrifugado sufrió importantes mejoras. Las mejoras fueron desarrolladas en la Unión Soviética por un grupo de científicos alemanes prisioneros, liderados por el ingeniero austríaco Gernot Zippe, quien había trabajado con von Ardenne y quien al terminar la guerra había sido capturado por los rusos.

El nuevo método empleaba centrifugas que desarrollaban velocidades de 90.000 rpm. Para reducir la fricción, el rotor giraba al vacío y se mantienía en su sitio mediante cojinetes magnéticos. La parte inferior de los cilindros se calentaban, lo que provoca que por convección, el uranio-235 se concentre en la parte superior donde era recogido mediante paletas.

En 1960 Zippe logó emigrar a Estados Unidos. A pesar de que los soviéticos le habían confiscado todas sus notas, pudo reconstruir una réplica de su centrífuga. En 1960 patentó su invento que se conoce como *Método Zippe de enriquecimiento de uranio*.

La fabricación de esta máquina requiere de una precisión extrema. Los detalles de su construcción son todavía un secreto celosamente guardado. En el 2006 se destrozó una centrifuga iraní debido al desbalance provocado por la masa de una huella digital dejada en el rotor.

La centrifuga Zippe se continúa mejorando mediante el empleo de materiales más resistentes como la fibra de carbono, utilizando técnicas que reducen las peligrosas vibraciones y por medio de controles de velocidad que aseguran que la máquina no funcione cerca de la resonancia.

El centrifugado Zippe, por ser más eficiente y por consumir la décima parte de la energía que requiere el método de filtrado, fue utilizado por los rusos y norteamericanos y en otros programas secretos de enriquecimiento. En 2004, Pakistán admitió haber suministrado centrífugas Zippe a tres países diferentes. Recientemente han sido utilizadas por Irak, lo que ha desatado alarma internacional.

PLUTONIO, EL COMBUSTIBLE NUCLEAR

El plutonio es un elemento transuránico radiactivo que pertenece a la serie de los actínidos. Tomó el nombre del planeta

Plutón, su símbolo químico es Pu, su número atómico 94 y tiene 21 isótopos, todos radiactivos. Se produce en los reactores nucleares como subproducto del uranio-238 que al capturar neutrones se convierte en plutonio. Si bien trazas de plutonio pueden encontrarse en la naturaleza, la mayor parte es de origen artificial. La contaminación del medio ambiente con plutonio es consecuencia de las múltiples pruebas nucleares acontecidas durante la Guerra Fría y al desmantelamiento de bombas y reactores nucleares. Se estima que desde 1945 las explosiones nucleares han liberado unas 10 toneladas de plutonio.

El isótopo más importante es el Pu-239 con vida media de 24.200 años. Este isótopo, al ser bombardeado con neutrones lentos se fisiona y libera radiación gamma y neutrones, por lo que puede generar una reacción en cadena. Se emplea como combustible de reactores y en la fabricación de armas nucleares. La masa crítica es de unos 10 kilogramos, lo que corresponde a una esfera de unos 10 centímetros de diámetro.

El plutonio-239 al capturar un neutrón se transforma en plutonio-240, un isótopo que tiene tendencia a la fisión espontánea. Por esta razón, el elemento plutonio rico en plutonio-240 no es empleado para fabricar armas nucleares, puesto que al emitir constantemente neutrones puede producir una detonación no deseada.

Cuando se produce plutonio-239 a partir del uranio-238, la irradiación del uranio-238 debe ser tal que la concentración de plutonio-240 nunca sobrepase el umbral de seguridad. En agosto de 1945, en Los Alamos, la manipulación de una esfera de plutonio de unos 6 kilos produjo la muerte por irradiación del científico Harry Daghlian y en 1958, la explosión de un reactor causó la muerte de un operador de máquinas. Incidentes similares se han producido en la Unión Soviética y Japón.

Manipular plutonio es peligroso dado que los isótopos y compuestos de este elemento se acumulan en la médula ósea y sólo algunos microgramos pueden ser letales.

El plutonio metálico el entrar en contacto con el agua forma hidruro de plutonio, una sustancia que se inflama espontáneamente. Por tal motivo debe ser almacenado en ambientes inertes y deshidratados.

Otro isótopo importante es el plutonio-238, un emisor alfa con vida media de 87,7 años. El calor generado por decaimiento alfa se emplea como fuente de calor para los generadores termoeléctricos (RTG). Estos generadores, que no requieren mantenimiento por un tiempo comparable a la vida humana, son utilizados para proporcionar energía a algunas sondas espaciales como la Galileo o para suministrar energía a los sismógrafos instalados en la superficie lunar.

El plutonio fue sintetizado en 1940 en la Universidad de California por Glenn T. Seaborg y Edwin McMillan al bombardear con deuterio uranio-238 en un ciclotrón. Cuando descubrieron que el plutonio-239 era fisible, y por tanto apto para construir armas atómicas, la información fue clasificada y la publicación de su descubrimiento en la revista *Physical Review* fue postergada hasta el final de la guerra.

Durante la Segunda Guerra Mundial, el plutonio fue utilizado en cantidades importantes como parte del Proyecto Manhattan, de hecho, dos de las tres primeras bombas atómicas lo utilizaron.

Durante la Guerra Fría, tanto Estados Unidos como la Unión Soviética y posteriormente otros países produjeron y almacenaron grandes cantidades, que se estima en unas 1000 toneladas. Muchos países temen que estas reservas podrían ser dirigidas al terrorismo o ser empleadas para la proliferación de armas nucleares.

LA INCREIBLE HISTORIA DE FRITZ HOUTERMANS

Fritz Houtermans (1903-1966) fue un científico alemán que hizo importantes contribuciones a la física nuclear, la geoquímica y a la cosmoquímica. Nació en Danzig, hoy ciudad polaca, y creció en Viena junto a su madre quien era medio judía. Se casó cuatro veces, aunque la primera y la tercera esposa fue la misma mujer, Charlotte Riefenstahl. Le tocó vivir la época más inhumana y triste de Europa, sufrió prisión y tortura bajo los regímenes totalitarios de Hitler y Stalin.

Estudió en la Universidad de Gotinga, obtuvo doctorado en física en 1927, el mismo año que lo obtuvo Robert Oppenheimer, y completó su habilitación en 1932 con Gustav Hertz en la Universidad Técnica de Berlín. Sus tutores fueron James Frank y Gustav Hertz ambos galardonados con el Premio Nobel de Física en 1925.

Houtermans fue un ferviente izquierdista con una personalidad muy peculiar, orgulloso de su ascendencia judía, con gran sentido del humor, amor por la física y gran consumidor de tabaco. En Viena, de muy joven fue paciente de Sigmund Freíd, a quien confesó haber engañado al admitir que los sueños relatados eran una invención. Cuando algún colega lo instigaba, no dudaba en contestar: *"Cuando tus parientes aún vivían en los árboles, los míos ya firmaban cheques"*.

A los 17 años se afilió al Partido Comunista Alemán y se dio a conocer como tal en los cafés de Viena. Debido a su afiliación política, en ocasión de visitar a sus padres en Alemania fue detenido por la Gestapo, la policía secreta de la Alemania nazi.

Tras ser liberado huyó a Gran Bretaña, trabajó en los laboratorios de EMI, donde a la temprana edad de 20 años estuvo a punto de descubrir el Láser. Despreciaba especialmente la gastronomía local y el olor a cordero que invadía las calles de Londres. Solía bromear diciendo que los antiguos límites del Imperio Romano se podían reconocer por la forma de cocinar las patatas.

Houtermans fue unos de los primeros en comprender la teoría cuántica y aplicarla al núcleo de átomo. En 1929 develó el misterio del por qué brillan las estrellas y de donde proviene su energía. Junto al astrónomo y físico británico Robert D. Atkinson, hizo el primer cálculo de las reacciones nucleares que se producen en ellas.

Posteriormente, contra el consejo de todos sus amigos, se trasladó al nuevo Centro de Investigaciones Físico-teóricas de Jarkov en la Unión Soviética, donde se encontraba un excelente grupo de físicos dirigidos por Lev Landau.

En al Unión Soviética durante la Gran Purga de la década de 1930, Houtermans fue uno de los tantos sospechosos. Los servicios secretos querían averiguar qué actividad realizaba un físico judío-alemán proveniente de Gran Bretaña en la Unión Soviética. Evidentemente era un espía y había que averiguar a favor de quien espiaba.

Fue detenido y encarcelado en las mazmorras de la NKVD donde pasó los siguientes dos años y medio. Allí fue torturado, lo hicieron permanecer de píe las 24 horas durante 11 días. Cuando desmayaba lo reanimaban arrojándole cubos de agua helada. Se le hincharon tanto los pies que tuvieron que cortar los zapatos para poderlos sacar.

Si bien su esposa y sus hijos habían logrado escapar de Rusia sin que él lo supiera, lo amenazaban con hacer desaparecer a ella y enviar a sus dos hijos en un orfanato con nombres diferentes, para que nunca los pudiera volver a encontrar.

Para aminorar su martirio decidió inventar una confesión, admitió que espiaba y delató a algunos físicos, pero se cuidó de delatar sólo aquellos que se encontraban a salvo en Estados Unidos o en Alemania. Inventó que se encontraba trabajando en un proyecto secreto relacionado con el vuelo de aviones a baja altura.

Debido a la gran presión ejercida por científicos de todo el mundo, entre los que se encontraban algunos Premios Nobel y debido al pacto entre Alemania y la Unión Soviética firmado en 1939 entre Ribbentrop y Molotov, Houtermans fue liberado de las cárceles soviéticas, donde probablemente hubiera muerto de hambre y frío, y fue entregado a la Gestapo.

La Gestapo también quería averiguar que hacía en Alemania un físico nuclear afiliado al partido comunista, proveniente de Inglaterra y liberado por la Unión Soviética. Allí fue sometido nuevamente a torturas hasta que Max von Leue, científico alemán Premio Nobel en física en 1914, valientemente se presentó en la cárcel exigiendo su liberación.

Una vez en libertad trabajó en Berlín en el laboratorio de Manfred von Ardenne, donde descubrió que de un reactor alimentado con uranio natural podía obtenerse plutonio. Con ello lograba convertir uranio-238, no fisible, en plutonio-239.

El laboratorio de von Ardenne formaba parte del proyecto atómico alemán, por lo que Houtermans, durante un viaje a Suiza se la arregló para enviar un telegrama a Inglaterra revelando su descubrimiento e utilizó un mensajero para transmitir en forma oral la información al físico atómico alemán Rudolf Landenburg, que trabajaba en la Universidad de Princeton en Estados Unidos.

En 1945, en Alemania el tabaco era escaso, por lo que Houtermans decidió convencer al jefe administrativo de proyecto que del tabaco podía obtener agua pesada. Como el proyecto en que trabajaba era considerado de alta prioridad, se le entregó un saco de tabaco. Tras fumarlo solicitó otro envió, lo que llamó la atención de la Gestapo que ordenó su detención. De nuevo intervino su amigo von Laue quien evitó que fuera llevado a algún campo de concentración.

Consiguió un nuevo trabajo en un instituto de física de Göttingen, donde permaneció durante varios años. Allí, sus investigaciones se vieron seriamente afectadas por las limitaciones impuestas por las fuerzas aliadas de ocupación. En 1962 se trasladó a la Universidad de Berna donde permaneció hasta que un cáncer de pulmón acabó con su vida.

EL REACTOR NUCLEAR DE OKLO

El reactor nuclear creado por Enrico Fermi no fue el primero. Hace 1.800 millones de años en la Tierra existía otro, el reactor de Oklo.

Oklo es una región ubicada en la cercanía de un pueblo llamado Francaville en Gabón, una ex colonia francesa situada al oeste de Africa Central. En 1956, en esta región se descubrió un yacimiento de uranio que abarca una superficie de unos 35.000 kilómetros cuadrados.

Durante cuarenta años Francia extrajo de allí uranio para ser utilizado en la producción de electricidad en sus centrales nucleares y buena parte de las centrales europeas. Actualmente, las minas ya no están en funcionamiento y los depósitos de uranio se han agotado.

En 1972, la compañía minera Comuf (Compagnie des Mines d'Uranium de Franceville) dio a conocer un fenómeno realmente asombroso descubierto por el físico francés Francis Perrin. Perrin descubrió que en las minas de Oklo la relación entre el uranio-238 y el uranio-235 era superior al 0,72%, que es un valor constante en los yacimientos que se encuentran en la corteza terrestre e incluso en los meteoritos. Tal hecho sugería que se había producido una desintegración acelerada del uranio-235.

La explicación de este fenómeno indicaba que el uranio-235 había sufrido un proceso de fisión al ser bombardeado por neutrones lentos, como si hubiera estado en un reactor nuclear. A partir de esta hipótesis, los geoquímicos encontraron evidencias de que hace 1.800 millones de años en los depósitos de uranio de Oklo existían reactores de fisión nuclear espontáneos.

En aquella época, la concentración natural de uranio-235 era de un 3%, similar a la utilizada en las centrales nucleares y la presencia de agua en la zona, que actuaba como moderador de neutrones, hacía que se produjeran reacciones de fisión nuclear sostenidas.

Como el periodo de semidesintegración del uranio-238 es de unos 4.470 millones de años y el del uranio-235 es 700 millones de años, cabe esperar que su relación isotópica en la naturaleza no fuera siempre la misma. Hace 700 millones de años la cantidad de uranio-235 era el doble de la que existe ahora en tanto que la cantidad de uranio-238 era un poco mayor que la actual.

Los datos permitieron a los geoquímicos determinar que en la reacción nuclear auto sostenida de Oklo se liberaron unos 100 kilowatios durante 500.000 años y se consumieron unos 500 kilogramos de uranio-235.

En 1956, antes que se descubriera el reactor de Oklo, el químico japonés Paul Kazuo Kuroda estableció las condiciones que hacían factible la aparición de la reacción en cadena auto sostenida en la naturaleza. Su hipótesis fue comprobada 16 años después en las minas de Gabón.

Como actualmente la concentración de uranio-235 es de 0,72%, no es posible que se origine un nuevo reactor nuclear natural.

Fusión nuclear

La fusión nuclear es un proceso mediante el cual dos núcleos atómicos se unen para formar un núcleo más pesado. Para que la fusión tenga lugar es necesario que los núcleos se acerquen lo suficiente para que la fuerza nuclear fuerte sea superior a la fuerza de repulsión eléctrica entre sus protones.

La fuerza nuclear fuerte es la que mantiene unidos los protones y los neutrones en el núcleo, prevaleciendo sobre la repulsión eléctrica que existe entre ellos. Esta fuerza, a diferencia de la gravitatoria o electromagnética, no obedece a la ley de los inversos de los cuadrados, sólo se hace sentir a distancias muy pequeñas, del orden de los núcleos atómicos. Esta es la razón por la cual los núcleos son tan pequeños, pues la fuerza nuclear fuerte los mantiene firmemente comprimidos.

En el núcleo atómico, la fuerza nuclear fuerte es unas cien veces superior a la fuerza de repulsión eléctrica, lo cual explica el por qué los núcleos para que sean estables no deben tener más que unos cien protones. Si en un núcleo hubiese más protones, la fuerza de repulsión eléctrica sería superior a la fuerza nuclear fuerte, el núcleo sería inestable y se desintegraría.

La fusión nuclear más simple es la del hidrógeno. En condiciones normales de temperatura, la fusión de sus átomos no es posible, pues la fuerza de repulsión es muy intensa. Para vencerla es necesario aumentar la temperatura para que los núcleos de hidrogeno adquieran velocidad, choquen violentamente el uno contra el otro fusionándose y dando lugar a núcleos de helio.

Durante la fusión se produce una pérdida de masa que se transforma en energía, mucha más que la producida durante la fisión. De hecho, esto es lo que ocurre en el interior del Sol y las estrellas, compuestas básicamente por hidrógeno y helio[20]. Allí la temperatura alcanza la fantástica cifra de 15 millones de grados Celsius. Por tal motivo a estas reacciones se les llama *termonucleares*.

Como en la Tierra no existen las condiciones de presión y temperatura para que la fusión se produzca, hay que crearlas. Las investigaciones para crear la fusión nuclear artificial empezaron alrededor de 1940 como parte del Proyecto Manhattan. Sus resultados se mostraron cuando se detonó una bomba termonuclear en el atolón de las Islas Marshall el primero de noviembre de 1952, con catastróficos efectos sobre el ecosistema. Para alcanzar la temperatura que inició la fusión, se utilizó como detonante una bomba atómica que generó unos 20 millones de grados Celsius.

Actualmente, con la tecnología disponible no se ha podido obtener energía mediante la fusión nuclear controlada. No ha sido posible calentar y mantener suficientes núcleos a temperatura tan elevada durante el tiempo necesario para que la energía liberada sea suficiente para que la reacción se auto sostenga. Si esto ocurriera, se obtendrían grandes ventajas respecto a fisión nuclear. El hidrógeno sería un combustible prácticamente inagotable y los desechos serían mucho menos radiactivos.

ARMAS NUCLEARES

Las armas nucleares son explosivos de gran potencia generalmente transportados por misiles balísticos lazados desde el mar, aire o tierra. Su poder de destrucción puede alcanzar un radio de

---

[20]La inmensa mayoría de la materia que se supone se formó durante el Big Bang fue hidrógeno, el elemento más simple cuyo núcleo está formado por un solo protón. Las estrellas son grandes aglomeraciones de hidrógeno muy caliente y comprimido por efecto de la gravedad.

decenas de kilómetros. Una sola bomba puede destruir una ciudad entera, matar millones de personas y poner en peligro la vida de las generaciones futuras. Sus efectos a largo plazo son incalculables, ya que daña el medio ambiente y produce contaminación radiactiva.

Considerando su poder de destrucción, se podría suponer que la bomba atómica es un artefacto pesado y voluminoso, pero no es así. En las bombas de fisión, el combustible nuclear sólo pesa unos 10 kilogramos y es del tamaño de una pelota de tenis.

Aquí cabe preguntarse, cómo es posible que una masa tan pequeña encierre la energía suficiente para volatilizar una ciudad entera.

Para hallar la respuesta hay que hacer un pequeño cómputo: Un solo átomo de uranio al fisionarse entrega 180 MeV. En consecuencia, es necesario que se desintegren 34.672 millones de átomos cada segundo para que se genere la potencia de un vatio. Pero como el número de átomos contenidos en un gramo de uranio es de un 3 seguido de 21 ceros, se puede concluir que si se aprovecha toda la energía contenida en ese gramo se puede encender una lámpara incandescente de 60 vatios durante 2775 años. Si se hubiera encendido para alumbrar el pesebre de Belén, todavía estaría encendida y le quedarían 760 años más.

La energía nuclear que contienen los núcleos de un solo gramo de uranio puede ser extraída lentamente y en forma controlada, como en el caso de la lámpara incandescente, o toda la energía puede ser extraída en fracciones de segundo. En este caso todos los núcleos se fisionan al mismo tiempo, lo que generara una gran explosión equivalente a 17.000 kilogramos de TNT.

En el reactor, donde las reacciones nucleares ocurren lentamente, un enriquecimiento de uranio del 3% es suficiente, en cambio, para que se produzca una violenta reacción en cadena que conduce a una explosión es necesario que el enriquecimiento esté cerca del 90-95%. Esta es una de las razones por la cual un reactor nuclear no puede explotar como una bomba atómica.

LA BOMBA DE FISIÓN

Las dos únicas bombas atómicas utilizadas en guerra alguna, ambas producto del Proyecto Manhattan, fueron las arrojadas sobre las poblaciones de Hiroshima y Nagasaki. El ensamblaje que se utilizó para detonar la de Hiroshima fue tipo cañón, en tanto el sistema que se utilizó para detonar la de Nagasaki fue por el método de implosión.

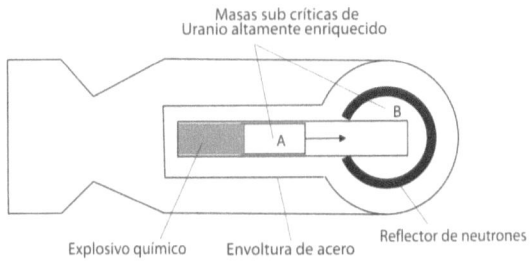

BOMBA ATOMICA DE URANIO

En el método tipo cañón se dispone de dos masas de material fisible, la masa A y la masa B. Ninguna de las dos por si sola alcanza la masa crítica. Para lograr la reacción en cadena se utiliza un explosivo químico que lanza la masa A contra la masa B, de manera que cuando las dos se unen se obtiene la masa crítica, se produce una reacción en cadena y la explosión nuclear. La bomba detonada sobre Hiroshima, llamada *Little boy*, era de este tipo y utilizaba como material fisible uranio-235.

En el método de implosión, la criticidad se obtiene al comprimir el material fisible. La compresión se logra colocando una esfera hueca de material fisible rodeada por un explosivo químico. Cuando se detona el explosivo químico se produce una onda de choque que comprime el material fisible. Un arreglo de este tipo, similar a la bomba de plutonio detonada en Nagasaki, llamada *Fat man*, se muestra en la figura siguiente.

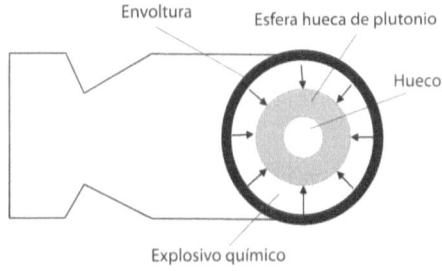

BOMBA ATOMICA DE PLUTONIO

En esta bomba, una esfera de plutonio del tamaño de una pelota de tenis se comprime, su densidad aumenta unas cien veces y se produce una violenta reacción en cadena que provoca la explosión.

En una detonación atómica se produce gran cantidad de radiación y calor. La temperatura, que alcanza millones de grados, hace que el aire a su alrededor se incendie y se forme una enorme bola de fuego que se expande violentamente, causando una tremenda explosión y ráfagas de vientos de hasta 1.000 kilómetros por hora. El calor irradiado, la onda expansiva y la radiación producen una destrucción masiva y una matanza indiscriminada.

La potencia de una bomba atómica es dada por la cantidad de masa que logra convertirse en energía antes que la misma explosión la disperse. Lograr que la mayor cantidad de masa se convierta en energía, es uno de los grandes retos en el diseño de las armas nucleares.

LA BOMBA DE FUSIÓN

En la bomba de fusión, también llamada bomba de hidrógeno, termonuclear o bomba H, se fusionan dos isótopos del hidrógeno, el deuterio y el tritio. Como consecuencia de la fusión, se producen neutrones que generan una reacción en cadena.

La fusión del deuterio y tritio da origen a un átomo de helio-4, un neutrón libre y se liberan 17,59 MeV. En el proceso, la masa de los dos núcleos de hidrógeno que se fusionan es mayor que la masa del núcleo de helio-4, la diferencia se convierte en energía.

Para que los átomos de hidrógeno se fusionen y se inicie una reacción en cadena es necesario aportar una gran cantidad de energía, la cual es suministrada por una bomba atómica de plutonio que actúa como detonador. La energía que aporta la bomba de plutonio es utilizada para vencer la repulsión electrostática que existe entre los núcleos de deuterio y tritio, que por tener cargas positivas, se repelen.

La fusión no sólo es posible con los isótopos de hidrógeno, los más pesados también podrían fusionar, pero la energía requerida sería mucho mayor. Mientras más pesados son los núcleos, mayor es la energía necesaria para vencer la repulsión.

En las condiciones temperatura y presión existentes en la superficie terrestre, los átomos permanecen separados debido a la repulsión que existe entre ellos. Para que fusionen hay que llevarlos a una temperatura de millones de grados llamada *temperatura termonuclear*. A esta temperatura, los átomos vibran tan violentamente que la energía del movimiento es capaz de vencer la repulsión electrostática.

En las estrellas la fuerza de repulsión electrostática que se establece entre los núcleos de los átomos es anulada por la enorme fuerza de gravedad existente. Debido a su gigantesca masa, la gravedad estelar es tan grande que comprime los átomos de hidrógeno el uno contra el otro, la temperatura aumenta, las oscilaciones se hacen más violentas, los átomos se fusionan y se liberan enormes cantidades de energía.

Esta liberación de energía equivale a continuas explosiones nucleares que harían que la estrella estallara. Pero también aquí, la enorme gravedad contiene las explosiones, las cuales continuaran produciéndose por millones de años hasta que se agote el material fisionable. De esta forma nacen viven y mueren las estrellas.

En la Tierra, donde las condiciones de gravedad y temperatura son diferentes, la explosión nuclear no es contenida. Cuando explota una carga de plutonio la temperatura alcanza millones de grados y la presión generada no puede ser aprisionada por ningún material conocido y mucho menos por la tenue gravedad terrestre. Al no aprisionarse, el material se dispersa y la bomba se comporta simplemente como una bomba de plutonio. Para reproducir lo que acontece en las estrellas, se debe encontrar la manera de mantener unida una cierta cantidad de material fisionable, aunque sea por fracciones de microsegundo, para dar tiempo a que las reacciones de fusión se completen.

En 1951, la genialidad de dos investigadores del Proyecto Manhattan, el físico de origen húngaro Edward Teller y el matemático de origen polaco Stanislaw Ulam encontraron la forma de hacerlo. Por tal motivo, este desarrollo es llamado *Proceso Teller-Ulam*, también conocido como *el secreto de la bomba de hidrógeno*.

Posteriormente, el físico nuclear ruso Andéi Sakharov obtuvo en forma independiente los mismos resultados que Teller y Ulam sin mucha intervención del espionaje que hubo con las bombas de fisión.

Ya en 1940, Teller estudiaba la posibilidad de utilizar la enorme temperatura de millones de grados centígrados producida por la explosión de una bomba de fisión para poder iniciar el proceso de fusión nuclear. En 1941, el presidente de Estados Unidos, Harry Truman, solicitó al laboratorio de Los Alamos desarrollar la bomba atómica de fusión y Teller fue encargado de llevar a cabo el programa. Sin embargo, su modelo no dio los resultados esperados.

En este punto intervino el matemático Ulam quien sugirió modificar el diseño. La modificación consistía en que el proceso de detonación se realizara en dos etapas. Se colocaba el material de fisión en un extremo de la bomba y el material de fusión en el otro. Primero se hacía explotar el material de fisión (plutonio) de la primera etapa, el cual activaba el elemento de fusión (deuterio y tritio) en la segunda etapa y la gran cantidad de neutrones generados se utilizaban para fisionar el combustible nuclear (plutonio y uranio) que también se encontraban el la segunda etapa.

Teller, Ulam y el ruso Sakharov sabían que cuando se produce una explosión nuclear se genera una gran cantidad de rayos X. Los rayos X viajan a la velocidad de la luz, en tanto que la onda expansiva generada por la misma explosión se propaga a unos mil kilómetros por segundo, unas 300 veces más lenta.

La idea era aprovechar la diferencia de velocidad para hacer fusionar los átomos de deuterio y tritio y fisionar el combustible nuclear contenido en la segunda etapa antes que la onda expansiva destruyera el contenedor. Con este sistema, la cantidad de material fisible que se convierte en energía antes de que la explosión lo disperse es mucho mayor, por lo cual la potencia de la detonación nuclear se multiplica.

Los rayos X, al alcanzar la zona donde se encuentra el material de fusión, liberan su energía, elevan la temperatura a unos 20 millones de grados centígrados y producen la implosión del material fusible, con lo cual aumenta su densidad. A esa temperatura, el número de reacciones de fusión aumenta con el cuadrado de la densidad. Una compresión que aumente densidad mil veces, hace que las fisiones se multipliquen por un millón.

La enorme cantidad de neutrones que se originan como consecuencia de la fusión, se utiliza para irradiar el material fisible contenido en la segunda etapa, con lo cual, antes de que llegue la onda de choque se desencadenan reacciones de fisión con la consiguiente liberación de una descomunal cantidad de energía.

La bomba H no es de fusión pura, sino de fisión-fusión-fisión.

El proceso de detonación sólo toma 0,06 millonésimas de segundo. Se inicia con el encendido de un explosivo químico que comprime la masa de plutonio de la primera etapa, con lo cual inicia la fusión del deuterio y el tritio en la segunda etapa. De esta reacción se generan neutrones de alta energía que son utilizados para fisionar grandes cantidades de uranio-235, plutonio-239 o inclusive uranio-238, lo que origina la detonación de la bomba.

La idea de crear la bomba termonuclear que se encendía mediante la explosión de una pequeña bomba de fisión fue de Enrico Fermi, quien ya en 1941 la propuso a su colega Teller. Sin embargo, como las dificultades que presentaba la construcción de la bomba de fisión eran menores, se postergó su desarrollo.

En 1949, la inesperada explosión de la bomba de plutonio soviética causó alarma en la comunidad científica y política de Estados Unidos. Los norteamericanos habían perdido la supremacía nuclear que creían poseer por unos diez años más, por lo que se inició una carrera armamentista y con ella, la Guerra Fría.

Ante la amenaza soviética, el presidente Harry Truman ordenó continuar las investigaciones que se habían postergado. Sin embargo, muchos científicos de Los Alamos se opusieron a la creación de una bomba miles de veces más potente que la detonada en Hiroshima. Argumentaban que un arma de ese tipo sólo podía se utilizada para destruir grandes conglomerados humanos. Tal argumentación fue reforzada por Enrico Fermi y Robert Oppenheimer quienes opinaban que, por su poder destructivo, la bomba H era un peligro para la humanidad,

El 31 de octubre de 1952, Estados Unidos detonó Ivy Mike, su primera bomba H, cuya potencia fue de 10 Mt.[21] La explosión tuvo lugar en el atolón de Enewetak en las Islas Marshall, un archipiélago y arrecifes de 1.152 islas del Pacífico situado al noroeste de Australia.

El 28 de febrero 1954 Estados Unidos detonó en el atolón Bikini otra bomba H de 15 Mt, mil veces más potente que la bomba de Hiroshima. Sus efectos fueron devastadores para el ecosistema; tres islas desaparecieron, se destruyeron los atolones cercanos y se produjo un cráter de 2.000 metros de diámetro y 70 de profun-

---

[21]Un Mt o Megatón es equivalente a la potencia que entregarían 1.000.000 de toneladas de TNT.

didad. Entre 1946 y 1958 se detonaron en el mismo archipiélago más de veinte artefactos atómicos.

A pesar de este "ataque nuclear", 50 años después se encontró que en lugar de hallar un paisaje lunar, el 70% de los corales de Bikini y la biodiversidad de la región se habían recuperado.

La Unión Soviética hizo su primera prueba con una bomba H de 0,4 Mt en agosto de 1953 y el 30 de octubre de 1961 detonó dentro de su propio territorio la bomba llamada Zar de 50 Mt, la más potente jamás construida.

Inglaterra detono su primera bomba H de 1,8 Mt en noviembre de 1957, China detonó una de 3,3 Mt en junio de 1967 y Francia, una de 2,6 Mt en agosto de 1968.

Las armas termonucleares pueden ser de una o varias etapas. La segunda etapa implosiona con la energía de los rayos X producidos en la primera etapa. Así se podría agregar una tercera etapa, pero la energía liberada sería tan grande que no tendría ningún propósito práctico. En el año 1961 tanto Estados Unidos como la Unión Soviética ensayaron bombas de tres etapas.

LA BOMBA DE NEUTRONES

La bomba de neutrones o bomba N es un arma nuclear de fisión-fusión derivada de la bomba H. Tiene poco poder explosivo y gran producción de radiaciones ionizantes. Para una misma onda expansiva, emite hasta siete veces más radiaciones que una bomba H y gran parte de las radiaciones decaen en 48 horas.

En la bomba H, un 25% de la energía liberada proviene de la fusión y el otro 75% de la fisión. En la bomba N se logra incrementar el porcentaje de la energía obtenida por la fusión en hasta un 95%.

La bomba N produce pocos daños a las edificaciones y mucho daño y muerte a los seres vivos, aunque se encuentren resguardados en vehículos, habitaciones o subterráneos no blindados con plomo. Los rayos X y gamma que siguen a la explosión duran unos pocos segundos pero son de muy alta energía y por tanto con gran poder de penetración.

Esta bomba produce poca contaminación radiactiva, lo que la clasifica como arma de combate cercano. Poco después de la detonación las tropas, si dotadas de protección NBQ[22], pueden

---

[22]Nuclear-Bacteriológico-Químico

continuar con las operaciones militares en la zona. El NBQ es un traje de protección individual que evita el contacto con partículas radiactivas y protege contra agentes químicos y biológicos.

La bomba N fue creada en 1958 por Samuel Cohen, un físico judío-estadounidense que formaba parte del Proyecto Manhattan. Fue probada en el desierto de Nevada en 1963 pero su producción, por orden del presidente Jimmy Carter, fue diferida hasta 1978. En 1981 el presidente Ronald Reagan autorizó el reinicio de la fabricación. No se conoce con certeza cuáles países la poseen.

Las detonaciones nucleares pueden ser subterráneas, submarinas, atmosféricas o estratosféricas y las bombas pueden ser lanzadas desde tierra, una aeronave, un barco o un submarino. En las explosiones atmosféricas se producen mayor contaminación, ya que los productos radiactivos son diseminados por el viento y la lluvia. Para que la explosión se efectúe en la estratosfera, la bomba debe ser transportada por un cohete fuera de la atmósfera.

Aunque las armas nucleares se han utilizado con fines bélicos sólo dos veces, se han llevado a cabo unos 2.000 ensayos nucleares y se calcula que existen decenas de miles de bombas atómicas distribuidas en varios países.

Las explosiones nucleares también se han utilizado con fines pacíficos. Se estima que se han realizado unas treinta detonaciones para extraer combustible del subsuelo, construir puertos y canales, cavar pozos, etc.

Con el propósito de evitar la proliferación de las armas nucleares y propiciar su eliminación de la faz de la Tierra, en las Naciones Unidas se han firmado varios tratados multinacionales, sin embargo, hasta la fecha los progresos en este sentido han sido escasos.

Todo el mundo tiene secretos. La única cuestión es encontrar donde están.

Stieg Larsson

PROGRAMAS ATÓMICOS SECRETOS

El conflicto armado más grande y sangriento de la historia fue, sin duda, la Segunda Guerra Mundial. Entre otras consecuencias, esta guerra alteró el orden mundial al propiciar el fin de algunos imperios coloniales. Inició el 1 de septiembre de 1939 y terminó seis años después, el 2 de septiembre de 1945.

En el conflicto se enfrentaron las Fuerzas del Eje y las Fuerzas Aliadas y se involucraron unos 60 países y los cinco continentes. Los principales protagonistas del Eje fueron Alemania y en menor grado Italia y Japón. En tanto que los principales países aliados fueron la Unión Soviética, Gran Bretaña, Francia y Estados Unidos.

Durante esa época, el mundo, aparte de sufrir enormes cambios sociales y políticos que marcaron para siempre el destino de muchos pueblos, experimentó notables avances en el campo científico y tecnológico como nunca antes lo había hecho. Uno de los campos de investigación más fructífero fue el desarrollo de la tecnología nuclear y el aprovechamiento de la energía contenida en el átomo, ya sea con fines pacíficos, bélicos o disuasivos.

Tras los experimentos previos a la guerra se sabía que la fisión del átomo era posible. Cuando el mundo científico se dio cuenta de la enorme cantidad de energía que podría ser extraída de la fisión nuclear, algunos países decidieron desarrollar armas atómicas. El que lo lograra primero sería prácticamente invencible y podía alcanzar el dominio político y militar casi absoluto. Para lograr la supremacía nuclear se pusieron en marcha algunos proyectos secretos.

Estados Unidos, Inglaterra y Canadá sabían que Alemania disponía de los conocimientos científicos y la capacidad técnica e industrial para fabricar armas nucleares, pero desconocían su grado de desarrollo. Sentían que podían perder la carrera, ya que los físicos alemanes habían fisionado el átomo y obtenido importantes resultados

Estos hechos fueron confirmados cuando en agosto de 1939, en una carta privada escrita por Leó Szilárd dirigida al Presidente Franklin D. Roosevelt y firmada por Albert Einstein, se alertaba sobre tal posibilidad.

EL PROGRAMA ATÓMICO ALEMÁN

El Partido Nacionalsocialista Obrero Alemán, conocido como Partido Nazi, estuvo activo en Alemania desde 1920 hasta 1945. El período comprendido entre 1933 y el final de la Segunda Guerra Mundial en 1945, fue conocido como el Tercer Reich.

El Führer o líder indiscutible del partido, Adolf Hitler (1889–1945), fue nombrado canciller en 1933 y prontamente estableció un régimen totalitario.

La esencia del nacionalsocialismo alemán era exaltar los valores de la raza y de la patria, y luchar en forma efectiva contra la expansión e internacionalización del marxismo. De hecho, Alemania fue el único país occidental que se opuso al avance del comunismo.

El régimen comunista había nacido en Rusia en 1918 con el asesinato del Zar Nicolás II y de toda su familia, perpetrado por los bolcheviques.

Para enfrentar la expansión comunista, Hitler solicitó ayuda a países europeos como Inglaterra y Francia, pero nunca la obtuvo, más bien fue censurado. Cuando en 1939 trató de negociar con Polonia un territorio de unos 60 kilómetros para abrirse paso hacia el este y así poder apuntar su artillería contra la amenaza del ejercito rojo, fue condenado. Tal acción, a pesar de estar dirigida hacia oriente, fue considerada por occidente como una amenaza a la libertad.

El pretexto de los países occidentales para declarar la guerra a Alemania fue preservar la libertad de Polonia. Sin embargo, seis años más tarde Polonia entera y doce países más fueron entregados en bandeja de plata a Rusia junto con 700 millones de habitantes y

16 millones de kilómetros cuadrados, sin que le temblara la mano a ninguno de los políticos occidentales de la época.

Tras la derrota en la Primera Guerra Mundial, la situación política y económica de Alemania era muy crítica, estaba en banca rota, tenía enormes deudas y el país prácticamente destruido. El Tratado de Versalles, firmado entre Alemania y los Aliados el 28 de junio de 1919, le imponía sanciones tan severas como el desarme, compensaciones económicas, renuncia a todas sus colonias y la pérdida de territorio como Alsacia y Lorena cedidas a Francia, y Tupen y Malmedy cedidas a Bélgica, etc.

Tras llegar al poder, en marzo de 1933, Hitler obtuvo gran apoyo popular, reactivó la industria y la economía, y devolvió la prosperidad al país. Terminó con el elevadísimo desempleo, activó la industria textil, construyó grandes autopistas y viviendas a gran escala y, a pesar de que el Tratado de Versalles lo prohibía, activó la industria bélica, pero sobretodo recobró entre la población el orgullo de ser alemán.

Sólo Hitler tenía pleno conocimiento de la totalidad de los proyectos armamentistas que se realizaban en el Reich, conocimiento que utilizó para aumentar su poder personal. Por tal motivo, es difícil saber con exactitud en que consistía cada proyecto.

Durante el Tercer Reich, en el seno del partido hubo muchas rivalidades. Para satisfacer ambiciones personales, civiles y militares cada quien creó su propio feudo e impulsó sus propios proyectos, por lo que se llegaron a desarrollar hasta programas paralelos.

Como buen estratega, Hitler propiciaba la competencia entre los grupos, por lo que obtuvo excelentes resultados: el cohete V2, el motor a reacción montado en el avión Messerschmitt Me-262 que desarrollaba 870 Km/h, el avión de despegue vertical, submarinos propulsados por motores Diesel provistos del sistema *schnorkel* que le permitía permaneces sumergidos por largo tiempo, torpedos dotados de un sistema acústico capaces de localizar y perseguir blancos enemigos, sistemas de visión nocturna, tanques, cañones y muchos más.

La rivalidad entre grupos, dio origen a fabulosos avances tecnológicos que ni los Aliados ni el resto del mundo siquiera imaginaban.

PROYECTO URANIO

El descubrimiento, en 1938, de la fisión nuclear por Otto Hahn y su publicación en la revista *Die Naturwissenschaften*[23] causó desconcierto en el mundo científico. Sin embargo, los asistentes a la conferencia dictada en la ciudad de Washington en 1939, donde Hahn disertaba sobre la reacción en cadena como consecuencia de la fisión del átomo, despertó muy poco interés.

Alemania, comprendiendo su significado, interrumpió inmediatamente la exportación de uranio y el Departamento de Producción de Armamento de la Wehrmacht creó el Proyecto Uranio que tenía por objeto separar los isótopos, diseñar y construir reactores nucleares y posiblemente producir armas atómicas.

El primero de septiembre de 1939, tras el estallido de la Segunda Guerra Mundial, todos los experimentos atómicos fueron declarados secretos y la investigación pasó a ser controlada por la Oficina de Armas del Ejército.

Ese mismo mes, eminentes científicos reunidos en el Instituto de Física Kaiser-Wilhelm y el Instituto Max Planck, las dos instituciones más importantes en física avanzada de Alemania, acordaron impulsar un programa para el desarrollo de la tecnología nuclear.

El proyecto nuclear oficial estaba financiado directamente por el ministro de armamento y guerra, Albert Speer, y dirigido por Kurt Diebner y Walter Gerlach, el brillante científico que había descubierto cómo determinar y medir el espín en un campo magnético. Además, participaron Werner Heisenberg, Otto Hahn, Carl von Weizsäcker, Max von Laue y Karl Wirtz

A pesar de los profundos conocimientos exhibidos por estos hombres, el proyecto atómico alemán era muy modesto, estaba integrado por unas pocas docenas de personas, limitados recursos financieros y no contaba con investigadores provenientes de otras partes del mundo. Lo conformaban pequeños grupos independientes que no estaban interesados en el desarrollo de armas, sino en la física teórica.

Los físicos de la época consideraban que para adquirir la pericia en el manejo de las reacciones nucleares y producir una reacción en cadena controlada y auto sostenida, era necesario construir un

---

[23]Las Ciencias Naturales en español.

reactor experimental.

En diciembre de 1939, Werner Heisenberg, entonces profesor de la Universidad de Leipzig, determinó que era posible fabricar un reactor nuclear y que el elemento clave era el uranio-235. Heisenberg envió una comunicación al Ministerio de Guerra del Reich el cual concluía de esta forma:

> *Es posible utilizar el proceso de fisión descubierto por Hahn y Strassmann en la producción de gran cantidad de energía. Para lograrlo es necesario enriquecer el uranio-235 a ser utilizado en un reactor. Mientras más alta es la concertación del isótopo, más pequeño podrá ser el reactor. Utilizando los mismos procedimientos, es factible obtener explosivos mucho más potentes de los conocidos actualmente.*
>
> *Para la generación de energía también es posible emplear uranio sin enriquecer. En este caso debe utilizarse una sustancia que, sin absorberlos, reduzca la velocidad de los neutrones. Las evidencias demuestran que el agua pesada y el grafito muy puro cumplirían esta función.*

El régimen nazi desconfiaba de Otto Hahn y Werner Heisenberg. Jamás hubieran permitido que formaran parte de ningún proyecto atómico cuya finalidad era producir armas. Pensaban que frenarían su desarrollo, ya que estos dos científicos, aparte de ser pacifistas convencidos, habían estado en contacto con colegas opositores al régimen nazi como lo eran Albert Einstein, Lise Meitner y Niels Bohr.

Un grupo de investigación a cargo de la luftwaffe[24] realizaba proyectos nucleares supersecretos estrictamente vigilados por la SS. A partir de 1943, este grupo se fusionó para dar origen al centro industrial húngaro Arden-Weiss donde se producirían las armas nucleares.

El centro industrial pasó a ser comandado por el oficial de alta graduación de la SS, Hans Kammler (1901–1945?), ingeniero y hombre de confianza del Hitler y de Himmler. En el centro industrial, aparte de los proyectos nucleares, se desarrollaban los pro-

---

[24]Fuerza aérea alemana.

gramas de los cohetes V2 y el de los misiles intercontinentales A9 y A10.

Kammler también controlaba el complejo industrial eslovaco Pilsen-Skoda, donde el físico Kart Diebner desarrollaba un nuevo misil intercontinental de tres etapas capaz de transportar armas atómicas.

A pesar de su importancia y jerarquía se conoce muy poco del General Kammler. Se sabe que vivía en el mismo edificio de von Ardenne y que visitaba frecuentemente el laboratorio antiaéreo secreto del Barón ubicado en los sótanos de la misma edificación.

A finales de 1944, la sospecha que Alemania estaba obteniendo resultados positivos relacionados con la investigación nuclear, alarmó a las Fuerzas Aliadas. Los servicios de inteligencia desconocían la ubicación de las fábricas, así que, utilizando centenares de aviones sometieron a un intenso bombardeo sistemático y continuo a todos los objetivos civiles y militares que consideraban sospechosos. En la región de Turingia, severamente atacada, ocurrieron muchas bajas civiles.

Las fabricas secretas nazi no pudieron ser alcanzadas por las bombas aliadas. Estaban ocultas en las entrañas de la Tierra, en la zona boscosa y montañosa de Turingia en el centro de Alemania, en la enorme instalación Jonastal. Kammler había construido las asombrosas instalaciones subterráneas de Turingia, donde también se encontraban las ricas minas de uranio alemanas y checoslovacas. Esos emplazamientos formaban una ciudad donde, en túneles de 25 kilómetros de longitud, vivían y trabajaban unas 25.000 personas.

Al terminar la guerra, Kammler desapareció sin dejar rastro. Unos afirman que fue asesinado, otros que pereció en combate, otros que se suicidó o que fue llevado a la Unión Soviética o Estados Unidos. Su chofer, Kurt Preuk, asegura que el 8 de mayo se 1945 presenció el entierro de su cuerpo.

En 1946, como consecuencia del colapso alemán, el ejército ruso se apoderó las instalaciones. Allí crearon la empresa minera SAG Wismut, que obtendría de las minas el uranio necesario para satisfacer el programa nuclear soviético. Luego, a partir de la división de Alemania en 1949, Turingia formó parte de la Republica

Democrática Alemana (RDA).

En las siguientes cuatro décadas, durante la Guerra Fría, la mina produciría unos 230.000 tonelada de uranio, lo que hizo que la República Democrática Alemana fuera el cuarto productor mundial y el mayor productor de mineral de uranio dentro de la esfera de influencia soviética.

Las minas de Turingia no eran nuevas, por su alto contenido de metales como plata, bismuto, níquel y cobalto, se venían explotando desde hacía unos 700 años.

Durante la administración soviética, las normas de seguridad y protección del ambiente no fueron muy satisfactorias. Miles de personas que trabajaron el la producción del uranio sufrieron de silicosis y cáncer de pulmón. En estrechas galerías y con escasa ventilación estaban expuestas a altas concentraciones de polvo de cuarzo y de gas radón.

Tras la reunificación de Alemania en 1991, la compañía minera pasó a ser propiedad de la Republica Federal Alemana, que se hizo cargo de su restauración y limpieza del medio ambiente.

En 1939, en Alemania, había surgido un segundo grupo de investigación que se encargaba fundamentalmente del enriquecimiento del uranio. Estaba dirigido por el ministro de comunicaciones, el ingeniero Wilhem Ohnesorge y sustentado por la Wehrmacht. Este grupo emplearía los servicios de la compañía Auer de Bradenburgo cuyo director científico era el ingeniero Nikolaus Riehl, quien había inventado un sistema de recuperación del óxido de uranio.

La compañía Auer, dedicada a la producción de radio, disponía de grandes cantidades de uranio que era un subproducto del enriquecimiento del radio. Riehl se percató que el uranio podía ser utilizado para obtener energía, por lo cual obtuvo autorización militar para procesar el mineral. La planta estuvo activa produciendo óxido de uranio y otros metales hasta el final de la guerra.

Aunque los logros alemanes en el campo nuclear fueron modestos, la propaganda nazi anunciaba que estaban cerca de producir un arma que podía decidir el curso de la guerra. Por lo cual, las Fuerzas Aliadas bombardeaban todos los lugares que pudieran albergar los laboratorios de investigación y las plantas de producción.

En 1943, para resguardar los experimentos relacionados con la fisión nuclear y el desarrollo de un reactor nuclear de los continuos bombardeos sobre Berlín, un tercer grupo encabezado por Werner Heisenberg, director de proyecto nuclear nazi, decidió trasladar los laboratorios a la zona de Hechingen y Haigerloch cerca de la Selva Negra.

Esta zona, situada al suroeste de Alemania, se suponía libre de ataques aéreos y de una posible ocupación por parte de las tropas soviéticas. Allí, en un acantilado en la boca del río Eyach, un afluente del Neckar, para instalar los laboratorios se proyectó construir un bunker a prueba de bombas. Como no disponían de mucho tiempo, optaron por alquilar una bodega subterránea de la compañía cervecera "Schwanen Inn", donde trasladaron todos los materiales y equipos, incluyendo el agua pesada y el uranio trasportados en camiones desde Berlín.

En la bodega subterránea se construía un pequeño reactor. Las pruebas para tratar de ponerlo en funcionamiento, conocidas como *experimento B8*, empezaron a finales de marzo de 1945. Después de varios intentos no se logró que alcanzara criticidad. Se determinó que para obtenerla había que incrementar sus dimensiones 1,5 veces, pero no se disponía ni de agua pesada, ni de uranio adicional, ni de tiempo, ya que las últimas pruebas se realizaron en abril de 1945, pocos días antes de que la guerra terminara.

El área de Hechingen correspondía a la zona de ocupación francesa, por lo cual, poco después los laboratorios de investigación nuclear y el reactor fueron tomados por un comando de asalto norteamericano de la Misión Alsos.

Para evitar que las instalaciones y los científicos cayeran en manos de los rusos, el comando actuó con suma rapidez. Desmantelaron el reactor y lo trasladaron a Estados Unidos y se apoderaron del agua pesada y de unas dos toneladas de uranio metálico que los científicos alemanes habían ocultado bajo tierra.

Muchos científicos fueron capturados, incluyendo Werner Heisenberg que se había fugado y se dirigía en bicicleta hacia Baviera. Los investigadores detenidos fueron concentrados "en calidad de invitados especiales de Su Majestad" en Farm Hall, una granja repleta de micrófonos ocultos, cerca de Cambridge, Inglaterra, donde permanecieron hasta enero de 1946. Al terminar la guerra, muchos de ellos continuaron con su exitosa carrera científica en diferentes partes del mundo.

Después de apoderarse del botín, al comando que ocupaba los laboratorios le fue ordenado dinamitarlo. El párroco de Hechingen, al enterarse de las órdenes, reunió a un gran número de feligreses que lograron impedir la explosión, alegando que tal acción destruiría la iglesia barroca de Schloßkirche, pues se encontraba precisamente encima de las bodegas.

Caida del programa atómico alemán

Algunos historiadores opinan que el programa atómico alemán no tuvo el éxito esperado debido a graves errores técnicos, voluntarios o involuntarios, al saboteo por parte de algunos investigadores, a la dispersión de los pocos recursos disponibles y a la fuga de cerebros por motivos políticos y raciales.

Uno de los errores de carácter técnico que retrazó considerablemente el desarrollo de un reactor experimental, fue establecer que el grafito no era un moderador adecuado, por lo cual se optó por utilizar el agua pesada.

El agua pesada es un excelente moderador de neutrones, pero es costosa y difícil de producir. En cambio el grafito, a pesar de presentar dificultades para obtenerlo con el grado de pureza requerido, es menos costoso y es más fácil de manejar. Por tal motivo, los primeros reactores nucleares utilizaron grafito como moderador.

Alemania, a pesar de tener los conocimientos, los especialistas, el material fisionable y grafito de primera calidad, optó por desarrollar un reactor experimental cuyo moderador era el agua pesada.

¿Cuáles fueron los motivos? Aunque Heisenberg estaba convencido de que ambas sustancias podían utilizarse como moderador, era necesario comprobarlo experimentalmente. Las pruebas con agua pesada las efectuó el mismo, en tanto que los experimentos con el grafito fueron efectuados por el prestigioso físico Walther Bothe del Centro de Investigaciones Médicas Kaiser Wilhelm de Heidelberg.

A finales de 1940, Bothe y un grupo de investigadores montaron un laboratorio secreto en los sótanos de un edificio, donde experimentaron con grafito suministrado por la empresa Siemens.

 Los resultados mostraron que esta sustancia, aparte de frenar los neutrones, los absorbía en un porcentaje muy alto, por lo cual fue descartada como moderador. Bothe llegó a esta conclusión, debido a que no comprendió, o no quiso comprender, que los neutrones no eran absorbidos por los átomos de grafito, sino por las impurezas.

Este resultado, dado a conocer en enero de 1941, hizo que todos los esfuerzos de los físicos alemanes se orientaran a crear un reactor de uranio natural, cuyo moderador era el agua pesada.

En esa época, sólo se producía agua pesada en la planta hidroeléctrica en Vermork en Noruega, a la que le solicitaron 1.500 kilogramos.

A excepción de dos países neutrales, en enero de 1941 Europa Continental estaba bajo el dominio del ejército alemán que aún no había invadido el territorio ruso. Estados Unidos todavía no habían entrado en el conflicto armado y Alemania sólo combatía para conquistar Inglaterra y en el norte de Africa.

En diciembre de ese mismo año la situación había cambiado, las fuerzas alemanas en pleno invierno estaban detenidas en las afueras de Moscú. Fritz Todt, ministro de Armamento y Municiones, informó a Hitler que la economía estaba próxima al colapso, por lo cual se decidió reducir o eliminar todos aquellos programas que no iban a producir resultado antes de que la guerra terminara.

Como la expectativa para producir un reactor nuclear utilizando uranio natural y agua pesada era remota, se decidió transferir el programa nuclear del ámbito militar al civil y así las expectativas de producir una bomba atómica se desvanecieron.

A pesar de estas restricciones, todavía se disponía de unos 700 kilogramos de uranio y 140 kilogramos de agua pesada, lo que le permitió, a mediados de 1942, tratar de poner en marcha un reactor nuclear, pero según se dijo anteriormente, nunca llegó a funcionar, era muy pequeño.

A finales de 1944, los físicos alemanes advirtieron que las estimaciones hechas por Bothe no eran correctas. El grafito era un excelente y abundante moderador neutrónico, que de haberlo utilizado hubiera permitido fabricar un reactor y producir plutonio. Pero ya era demasiado tarde, Alemania estaba sometida a continuos bombardeos y estaba perdiendo la guerra. Aun así, utilizando una mezcla de agua pesada y grafito se llegó a construir, entre febrero y abril de 1945, el reactor de Haigerloch. En la construcción se emplearon 1,5 toneladas de uranio, 1,5 toneladas de agua pesada y 10 toneladas de grafito.

El reporte relacionado con el funcionamiento del reactor escrito por varios científicos, entre los que se encontraba Werner Heisenberg, Walther Bothe y Erich Fischer, fue clasificado por las Fuerzas Aliadas de ocupación de ultra secreto. Fue confiscado y enviado a la Comisión de Energía Atómica de Estados Unidos para su evaluación y a los autores no se les permitió conservar copia alguna. En 1971 fue desclasificado y devuelto a Alemania. Ahora, el reporte está disponible en el Centro de Investigaciones Nucleares de la ciudad de Karlsruhe.

Todavía no se logra entender cómo un científico de la talla de Walther Bothe, quien tenía el mérito de haber construido el primer ciclotrón operacional de Alemania y Premio Nóbel en 1954, pudo haber cometido tan grave error en la determinación de la absorción del grafito, lo que seguramente alteró el curso de la historia. Tampoco se comprende que ningún otro investigador tratara comprobar los resultados de sus experimentos.

Con referencia a este punto, en una entrevista Heisenberg manifestó:

> *Los grupos de investigación eran pocos y cada uno tenía que realizar su tarea, de modo que no repetíamos los experimentos. Nosotros, en Leipzig trabajamos con el agua pesada y todos, sin comprobarlo, aceptaron nuestros resultados, así mismo nadie comprobó los resultados de Bothe.*

Para justificar el error de Bothe, algunos suponen que el grafito suministrado por Siemens-Plania, uno de los principales fabricantes del mundo en productos de carbón, pudiera estar contaminado con boro. El boro es un poderoso absorbente de neutrones cuyo poder de absorción es 100.000 veces mayor que el grafito. Pocos miligramos de boro serían suficientes para reducir la longitud de absorción del grafito por debajo de los límites establecidos.

Aparentemente, Bothe ignoraba que el boro se empleaba en el proceso de elaboración del grafito, por lo cual nunca llegó a sospechar que pudiera estar presente.

Heisenberg asomó otra posibilidad que pudiera justificar el error:

> *Pudo suceder que los ladrillos de grafito utilizados no se ajustaran perfectamente entre sí y al sumergirlos en agua pudieron retener burbujas de aire que, por contener nitrógeno, producirían el mismo efecto que el boro.*

Otros piensan que Bothe, quien repudiaba enormemente a los nazis y su doctrina, había alterado los resultados pare impedir que Alemania pudiera fabricar la bomba atómica, sin embargo, Bothe nunca admitió este hecho.

A finales de abril 1945, mientras los soviéticos conquistaban el este de Alemania, los ejércitos angloamericanos invadieron el municipio de Haigerloch donde se encontraba el reactor y otras instalaciones en las que se desarrollaba el programa nuclear alemán. Durante la invasión, tanto los norteamericanos como los soviéticos se apoderaron de la preciosa tecnología, de las instalaciones y de los científicos que pudieron capturar.

Los hechos se precipitaron cuando el 30 de abril Hitler se suicidó en su bunker, el 2 de mayo el comandante de Berlín, General Helmuth Weidling capituló y entregó la capital al General soviético Vasily Chuikov y el 7 de mayo el resto de Alemania hacía lo mismo.

Unos días después, el 14 de mayo, los norteamericanos se apoderaron de la valiosa carga del submarino alemán U234. Buena parte de la tecnología y el material nuclear incautado se supone que fue utilizado en las bombas atómicas lanzadas sobre Hiroshima y Nagasaki. Mucha de la alta tecnología empleada por la flota submarina alemana fue utilizada por Estados Unidos en su primer submarino de ataque propulsado por energía nuclear, el USS Nautilus, que sumergido atravesó el Polo Norte en agosto de 1958. Por su significado, la historia del submarino U234 merece ser tratada en las próximas páginas.

La situación financiera y la dispersión de recursos fue otro factor que limitó el desarrollo de las armas nucleares, ya que el régimen nazi emprendió muchos programas de desarrollo de armamentos simultáneamente. A pesar de que el producto nacional bruto del Tercer Reich era superior al soviético, al francés y al inglés junto, era muy inferior al de Estados Unidos. La suma del producto nacional bruto de los cuatro países era unas seis veces superior al alemán.

Por lo demás, la situación económica germana se agravaba continuamente debido al alto precio que tenía que pagar para obtener materia prima. Y aunque hacia finales de 1940, gran parte de Europa había sido conquistada por las tropas alemanas, ese continente no disponía de muchos recursos naturales. Alemania dependía totalmente del combustible importado, del agua pesada procedente de Noruega, del uranio proveniente de Checoslovaquia y de muchos productos más.

El abastecimiento se agravaba a medida que la guerra avanzaba, los continuos bombardeos destruían las industrias, las vías férreas, las carreteras y puentes e impedían que la materia prima llegara a las fábricas

Otro factor que limitó el éxito del proyecto atómico nazi fue la persecución política y racial del régimen. Muchos científicos alemanes y europeos huyeron y se refugiaron en Estados Unidos y en Rusia, donde su aporte fue fundamental para el desarrollo de los proyectos atómicos de esos países.

A pesar de la pérdida de muchos científicos, en Alemania aún quedaba una importante reserva de brillantes hombres de ciencia. Sin embargo, se tienen serios indicios de que gran parte de ellos trataron de obstaculizar y retrasar la construcción de bombas nucleares, pues, se oponían a que armas de ese tipo pudieran utilizarse contra la población civil y militar. De hecho, la gran mayoría de los científicos siempre se opusieron a que su invento fuera utilizado contra Japón o contra cualquier otro país.

El régimen nazi siempre supo mantener en alto el ánimo del pueblo y de su fuerza armada. Hacia el final de la guerra lo hizo con la promesa de que pronto dispondría de armas maravillosas[25] que decidirían el curso de la contienda a su favor. En realidad estaban desarrollando muchas armas, pero en los últimos meses su capacidad había menguado notablemente debido a la escasez de materiales, mano de obra y a los intensos ataques aéreos.

Las Fuerzas Aliadas sabían que Alemania poseía la capacidad técnica, científica e industrial para fabricar esas armas maravi-

---

[25]Wunder Waffen o WuWa en alemán.

llosas, y si las tenían, no estaban muy seguros de su grado de desarrollo. De hecho, al terminar la guerra los norteamericanos, ingleses y rusos se volcaron sobre ese país para apoderarse de sus científicos, laboratorios, equipos y logros.

El submaniro U234

A principios de 1945 Francia había sido liberada, los rusos marchaban hacia Berlín, las tropas americanas hacían retroceder constantemente a los ejércitos de Hitler, Alemania estaba hecha pedazos, el fin de la guerra se acercaba. Ante la inminente derrota, para evitar que las armas secretas de alta tecnología cayeran en manos de las fuerzas invasoras, se decidió enviar todo el material, planos y prototipos al Imperio de Japón, país aliado de Alemania durante la Segunda Guerra Mundial, para que las terminara de construir.

A pesar de los continuos bombardeos, en una sección del puerto de Kiel había una gran actividad, el submarino U234 estaba siendo puesto a punto para que llevara a cabo esta súper secreta misión.

El U234 era un submarino construido originalmente para colocar minas, luego fue modificado como nave de carga de largo alcance. A finales de 1944 se alistó para hacer un viaje con una carga de 240 toneladas y suficiente combustible y provisiones para una travesía que podría durar más de seis meses.

Su valiosa carga consistía en planos de cohetes y de torpedos, dos aviones a reacción Me 262 desmontados, una bomba planeadora radio controlada Henschel Hs 293 con motor a reacción, 1.200 fusibles infrarrojos para detonar bombas atómicas, agua pesada y unos contenedores sellados destinados al ejército japonés que contenían uranio. Con la esperanza de construir la primera bomba atómica, los japoneses esperaban ansiosos la llegada del navío.

El submarino, comandado por el capitán Johann-Heinrich Fehler, quien al momento de zarpar desconocía el contenido de la carga y su destino, tenía la orden se suicidarse en caso de ser aprendido y destruir todos los documentos que llevaba a bordo.

El U234 zarpó del puerto de Kiel el 25 de marzo de 1945 rumbo a Kristiansand, Noruega. Luego, el 15 de abril partió del puerto noruego rumbo al suroeste asiático. Estaban a bordo 5 oficiales, 55 tripulantes y 12 pasajeros, entre ellos el general alemán de la Luftwaffe Ulrich Kessler, algunos científicos expertos en infrarro-

jos, ingenieros y dos oficiales japoneses. La tripulación sabía que
la travesía sería muy arriesgada y para evitar ser descubiertos na-
vegaban sumergidos. En el interior del submarino hacía frío y el
aire estaba viciado. Los primeros días de navegación transcurrieron sin incidentes y en contacto radial con su base. Algunos días
después, el transmisor de la marina alemana dejó de transmitir,
el capitán Fehler no le encontraba explicación salvo que hubiera
caído en manos del enemigo.

El 4 de mayo el U234 intercepto una transmisión británica donde se anunciaba que tras verificar la muerte de Hitler, el almirante
alemán Karl Dönitz asumía el mando. Seis días después, el capitán Fehler recibía una orden del almirante Dönitz quien exigía
a la fuerza submarina alemana emerger, izar bandera blanca y
entregarse a las Fuerzas Aliadas.

Tras comprobar la autenticidad de la transmisión, el capitán
Fehler decidió cambiar de rumbo, dirigirse hacia la costa de Estados Unidos y entregarse. Al enterarse de estos acontecimientos,
los dos oficiales japoneses se suicidaron tomando una sobredosis
de barbitúricos y sus cuerpos fueron arrojados al mar.

Antes de entregarse, Fehler destruyó muchos documentos secretos entre los que se encontraba el detector de radar *Tunis* y el
innovador sistema de radio comunicaciones *Kurier* que llevaba instalado. El detector de radar, era un receptor que permitía alertar
a la tripulación del submarino que un radar enemigo estaba cerca intentando detectarlo y posiblemente ya lo habían localizado.
Saber con cierta anticipación lo que estaba ocurriendo, permitía
evadir el ataque. El sistema de radio comunicaciones Kurier, era
una técnica de comunicación ultra rápida que evitaba que las es-
taciones de rastreo aliadas pudieran interceptarlas.

Al enterarse de que el capitán Fehler estaba dispuesto a entregarse y para asegurar su captura antes que otras fuerzas aliadas
lo hicieran, el 14 de mayo de 1945 la Armada de Estados Unidos envió dos buques para interceptarlo. El U234 fue localizado
por el destructor USS Sutton, los miembros de su tripulación lo
abordaron y tomaron el mando.

El 19 de mayo el navío alemán escoltado por buques de guerra
norteamericanos entraba lentamente en la base naval de Portsmouth, New Hampshire. No era el primer submarino que se en-
tregaba, ya lo habían hecho días antes el U805, el U873 y el U1228.

 La noticia de la rendición del enorme navío fue primicia mundial, todos querían verlo. Los muelles de Portsmouth se llenaron de curiosos y reporteros, y la mar de pequeñas embarcaciones.

Tan pronto atracó, las fuerzas estadounidenses impidieron que la tripulación y la carga salieran de barco. Se apropiaron de materiales, proyectos y de muchas innovaciones bélicas, de las cuales algunas fueron utilizadas, otras encubiertas, otras clasificadas y muchos de los 400.000 documentos confiscados todavía permanecen en esa condición.

A partir de 1945 han surgido infinidad de suposiciones relacionadas con el U234 y con su carga. En 1992 se realizó una película relacionada con el tema, basada en las memorias del oficial jefe de comunicaciones Wolfgang Hirschsfeld.

La presencia a bordo de 560 kilogramos de uranio fue cuidadosamente ocultada por los estadounidenses. Pero con el tiempo fueron apareciendo algunos documentos secretos y el gobierno de Estados Unidos desclasificó otros. Existe la sospecha de que el uranio pudo ser descargado antes de que el submarino llegara al astillero naval de Portsmouth.

Se supone que el uranio estaba almacenado en diez cilindros, cada uno conteniendo 56 kilogramos. Para evitar que se contaminara, la cara interior de los cilindros estaba forrada en oro. No se tiene la certeza del isótopo que contenían, si era uranio-238 o uranio-235.

Si los 560 kilogramos eran del valioso uranio-235 enriquecido al 90%, se disponía de material suficiente para fabricar diez bombas atómicas similares a la de Hiroshima. Si por el contrario el material era óxido de uranio-238, una vez enriquecido sólo podía aportar unos cuatro kilogramos de uranio-235, ni siquiera suficiente para fabricar una bomba. Cualquiera que fuera el isótopo, nada se supo de él, lo más probable es que fue utilizado en el Proyecto Manhattan. Muchos historiadores opinan que la bomba de uranio lanzada sobre Hiroshima tenía componentes tecnológicos y materiales capturados en el U234.

Para los científicos del Proyecto Manhattan, la captura del material radiactivo fue muy oportuna. No habían podido encontrar una forma eficiente de obtener uranio-235 lo suficientemente enriquecido como para fabricar una bomba, por lo cual, habían renunciado a su producción. Concentraron sus esfuerzos en la fabricación de la bomba de plutonio. A pesar de que disponían de unos 15 kilogramos de este elemento, no lo podían activar. Se supone que la bomba de plutonio detonada en Nagasaki fue activada utilizando los oportunos detonadores de infrarrojo inventados por el Barón von Ardenne, que también formaban parte de la carga del U234.

En noviembre de 1947 la Armada de Estados Unidos, por considerar que el U234 era un cascaron inútil, fue torpedeado y hundido por el submarino USS Greenfish en las afueras del Cabo Cod.

El cohete V2

Otro ejemplo de los asombrosos desarrollos tecnológicos que se produjeron a principios de la Segunda Guerra Mundial en Alemania fue el cohete V2, un misil balístico de largo alcance que hizo un vuelo suborbital a velocidad supersónica. El cohete V2 fue el precursor de todos los cohetes modernos como los utilizados en el programa espacial de Estados Unidos y la Unión Soviética.

En Alemania las pruebas de cohetes propulsados por combustible líquido comenzaron en 1920. Fueron promovidas por un grupo de aficionados interesados en vuelos espaciales. Entre ellos se encontraba el joven ingeniero aeroespacial Wernher von Braun. Estas actividades, originalmente civiles, en 1934 se convirtieron actividades militares financiadas y controladas por las Wehrmacht.[26] En 1937 el programa fue trasladado de Brandeburgo a Peenemünde, en la costa báltica y von Braun fue nombrado director técnico.

Antes de fabricar el cohete V2, la fuerza aérea alemana había desarrollado un extraño avión propulsado por un motor a reacción que volaba sin piloto capaz de llevar una tonelada de explosivo. Se llamó Vergeltungswaffe[27] 1 o V1. El V1 fue el primer cohete teledirigido y se utilizó principalmente para bombardear a Inglaterra.

---

[26]Fuerzas Armadas en español.
[27]Arma de represalia en español.

A pesar de incorporar grandes innovaciones tecnológicas, el V1 demostró no ser lo suficiente rápido, era fácilmente detectado y abatido por los cazas británicos. Fue necesario producir una nueva versión que se llamó Vergeltungswaffe 2 o V2, cuyo diseño se atribuye al ingeniero von Braun.

En junio de 1942 se hizo la primera prueba sin lograr que el cohete levantara vuelo; cayó sobre un costado y explotó. La segunda prueba se realizó en agosto del mismo año; el cohete se mantuvo en vuelo durante 45 segundos para luego partirse en el aire. La tercera prueba se efectuó en octubre; el cohete alcanzó una altura de 5 Km. y cayo a unos 190 Km. de distancia.

Ante este éxito, Hitler, que para la fecha era canciller de Alemania, ordenó la producción en masa del cohete el cual fue presentado por la propaganda nazi como un arma de venganza. Venganza por los continuos bombardeos a que las ciudades alemanas habían sido sometidas desde 1942 hasta el final de la guerra, donde los bombardeos aliados no discriminaban entre población civil y militar.

El V2, con alcance de 320 Km, fue el primer misil en superar la velocidad del sonido. Medía 14 metros, pesaba 12 toneladas y la ojiva 980 kilogramos, de los cuales 910 era amatol. El amatol era una sustancia explosiva que no presentaba riesgo de detonación espontánea, inclusive cuando el cohete reingresaba a la atmósfera donde su envoltura alcanzaba los 600 °C.

El V2, provisto de un sistema de propulsión novedoso alimentado con oxígeno líquido y alcohol a alta presión, volaba a 88 kilómetros de altura, lograba la velocidad supersónica de 5760 Km/h, por lo que no podía ser alcanzado por los cazas ni ser avistado por los sistemas de detección de la época.

El objetivo era atacar Inglaterra, específicamente Londres, ya que debido a su poca precisión no era adecuado para atacar objetivos militares. El primer V2 que logro dar en el blanco fue lanzado con destino a la capital británica el 8 de septiembre de 1944. Durante los siguientes seis meses, hasta el 27 de marzo de 1945, se lanzaron 3165 misiles. Las ciudades más afectadas fueron Londres y Amberes, causando la muerte de unas 7250 personas entre civiles y militares.

Debido a que no podían ser detectados con antelación, los daños ocasionados por el V2 eran mucho mayores a los producidos por el V1. No era posible activar los sistemas de alarma para alertar sobre su llegada, caían del cielo a velocidades supersónicas, y sólo después de la explosión se oían los ruidos causados por su aproximación. Para evitar el pánico entre la población, el gobierno británico justificó los estallidos como explosiones de las tuberías de gas, pero pronto tuvieron que admitir la realidad.

Con el V2, Alemania había creado un arma contra la cual no existía defensa posible, sólo quedaba impedir su fabricación. El 17 de agosto de 1943, las instalaciones de Peenemünde fueron bombardeadas y parcialmente destruidas. Allí perecieron unas 600 personas entre las que se encontraba el ingeniero jefe de planta.

Para proteger la industria contra futuras incursiones aéreas, las instalaciones fueron trasladadas en una mina abandonada de anhidrita, situada en las entrañas de la montaña de Kohnstein, a tres kilómetros de distancia de Nordhausen.

La mina, que operaba desde 1917, fue comprada en 1934 por una empresa que la utilizó como depósito de materia prima, convirtiéndola en el mayor depósito de combustible de Alemania. La empresa perforó nuevos túneles que unían sus 46 cámaras e instaló una línea ferroviaria que las conectaban a una estación de ferrocarril. En 1943 la mina fue confiscada y en sus cámaras y túneles se instaló la fábrica de cohetes V1 y V2, llegándose a producir hasta mil V2 al mes.

En abril de 1945, la planta fue ocupada por los norteamericanas que se apoderaron de los cohetes y de la maquinaria. Cuando llegaron los rusos, a quienes les correspondía hacerse cargo de la zona, sólo quedaba poca cosa. En 1949 los soviéticos volaron las entradas de los túneles, quedando adentro algunas piezas que hoy se exhiben en los museos alemanes.

A principios de 1945, tras afirmar en público que lo único que le interesaba eran los vuelos espaciales y que no tenía interés por los programas de Hitler, von Braun tuvo serios inconvenientes con la Gestapo. Al entender que Alemania tenía la guerra perdida, planificó su rendición ante los estadounidenses, a quienes se entregó junto a un nutrido grupo de científicos y técnicos de su equipo.

En los Estados Unidos dentro del Programa Apolo, Wernher von Braun y su equipo crearon el gigantesco cohete Saturno, que permitió a la NASA, en 1969, llevar el hombre a la luna.

Aparte de los expertos alemanes, durante la carrera espacial con los Estados Unidos, la Unión Soviética contó con un excelente ingeniero Sergei Koroliov(1907-1966). Koroliov, considerado el equivalente soviético de von Braun, creció en Odessa que en esa época formaba parte del Imperio Ruso y estudió aeronáutica en el Instituto Politécnico de Kiev.

En sus ratos libres volaba planeadores que el mismo diseñaba y construía. Luego continuó sus estudios en la Escuela Técnica Superior de Moscú.

Para resolver las necesidades del país, en el 1929 el Partido Comunista decretó acelerar la educación de ingeniería. Koroliov obtuvo su diploma por el diseño de una aeronave siendo su tutor Andréi Túpolev.

En 1938, durante las purgas estalinistas fue capturado y enviado por seis años a un gulag siberiano. Después de ser liberado se convirtió en diseñador de cohetes y figura clave en el desarrollo del programa espacial soviético Spútnik y Vostok, y de los planes para enviar un hombre a la Luna.

Batalla por el agua pesada

En la cascada de Rjukan, en 1906 la empresa Norsk Hydro ASA inició la construcción de la central hidroeléctrica Vemork, situada en la provincia de Telemark, Noruega, que generaría 60 Mw. Seis años después cuando se inauguró, era la mayor planta del mundo. Su función era producir electricidad y fijar el nitrógeno para la producción de fertilizantes. Poco después, los científicos de Vemork advirtieron la presencia de agua pasada como subproducto en el proceso de producción de amoníaco.

Separar las moléculas de agua pesada del agua común es difícil, costoso y lento. Sólo la central hidroeléctrica de Vemork la producía en cantidades apreciables.

Antes del descubrimiento de la fisión nuclear, ocurrido en 1938, el agua pesada era una sustancia de escasa utilidad. Desde entonces, debido a la necesidad de un moderador de neutrones se convirtió en un componente esencial para que el proyecto atómico alemán. Por tal motivo, le ofrecieron comprar toda su producción.

El personal de planta noruego notificó el hecho a miembros de la resistencia noruega y estos al Servicio de Inteligencia Secreto Británico conocido como MI6, por lo cual la planta se convirtió un sitio estratégico.

Durante la ocupación de Noruega, ocurrida en abril de 1940, la planta fue tomada por las fuerzas alemanas, las cuales en poco tiempo lograron duplicar la producción. En 1942, ya producía 100 Kg mensuales.

El hecho de que los Servicios Secretos Aliados informaran que los nazis habían ordenado aumentar la producción de agua pesada y habían detenido la exportación de mineral de uranio, encendió la alarma de los ingleses y norteamericanos. Ellos sabían que la combinación uranio-agua pesada podía utilizarse para producir una reacción en cadena auto sostenida. Ante esta evidencia, Roosevelt y Churchill entendían que Hitler estaba tratando de fabricar una bomba atómica; arma que podía decidir el resultado de la guerra.

Si bien el agua pesada no se utilizaba directamente en la fabricación de armas atómicas, se empleaba en los reactores nucleares para convertir el uranio-238 en plutonio-239, un isótopo fisible, con el que se podían fabricar bombas atómicas.

Las Fuerzas Aliadas no estaban dispuestas a permitir que los nazis siguieran con su programa nuclear. Fue prioritario detener su fabricación, por lo cual decidieron destruir la planta de Vemork.

Ante la imposibilidad de hacerlo por medio de un ataque aéreo debido a la topografía del terreno, la Real Fuerza Aérea británica determinó que la mejor opción era asaltar la planta y dinamitarla.

¿QUÉ ES EL AGUA PESADA?

El agua pesada es químicamente igual al agua ordinaria, se diferencia en su molécula donde los dos átomos de hidrógeno han sido sustituidos por dos átomos de deuterio. El deuterio es un isótopo del hidrógeno, por lo que al agua pesada se le conoce también como *óxido de deuterio*. El núcleo del átomo de hidrógeno está formado por un solo protón, en tanto que el núcleo del átomo de deuterio está formado por un protón y un neutrón. Como el átomo de deuterio pesa el doble que el del hidrógeno corriente, hace que el agua pesada sea 11% más pesada que la normal.

El deuterio fue descubierto por el químico estadounidense Harold Urey (1893-1981) quien en 1931 logró incorporarlo a la molécula de agua. En 1933, el fisicoquímico estadounidense Gilbert N. Lewis obtuvo agua pesada pura por medio de la electrólisis.

Electrólisis es la descomposición del agua en oxígeno e hidrógeno que se produce al hacer circular una corriente eléctrica a través de ella. Durante el proceso de electrólisis, siempre queda una pequeña cantidad que no se descompone, es el agua pesada que requiere más energía para su electrolización.

En la naturaleza se verifica que por cada millón de moléculas de agua normal, hay 156 moléculas pesadas. Se estima que de toda el agua contenida en el cuerpo humano, unos 5 gramos son de agua pesada.

Operación Freshman

El 19 de noviembre de 1942 era un día frío y el cielo de Noruega estaba poblado por espesas nubes. Un comando formado por treinta y cuatro hombres de la 1ª División Aerotransportada Británica, abordó dos planeadores que iban a ser remolcados hacia Noruega por dos bombarderos Halifax de la Real Fuerza Aérea. El plan era aterrizar silenciosamente en la superficie congelada del lago Mosvatn, donde los británicos se reunirían con un comando noruego. Luego se dirigirían hacia las montañas donde se hallaba la planta hidroeléctrica Vemork y se introducirían en ella para dinamitarla.

El agua pesada estaba almacenada en el sótano de un edificio hecho de concreto armado situado al borde de un acantilado en una región montañosa y despoblada imposible de atacar desde el aire. Para asegurar el éxito de la operación, algunas semanas antes se había enviado una avanzada compuesta por cuatro paracaidistas miembros de la resistencia noruega, comandados por Jens Anton Paulsson.

Dicho grupo tenía la misión de reconocer la región, instalar y operar los dispositivos de navegación que guiarían los bombarderos la noche de la operación, iluminar con reflectores la zona escogida para el aterrizaje de los planeadores y guiar hacia el objetivo el comando de asalto.

La noche del 18 de octubre los hombres de Paulsson transmitieron a Londres un mensaje: *"Buen tiempo, firmamento despejado y con luna"*. Era la señal para que esa noche los planeadores remolcados por los bombarderos salieran de Gran Bretaña y atravesaran el mar del Norte con dirección a Vemork.

Mucho de lo que sucedió en las horas siguientes se desconoce. El planeador remolcado por uno de los bombarderos se desprendió e hizo un aterrizaje forzoso y poco después el bombardero se estrelló contra una montaña. Los sobrevivientes de los aparatos fueron capturados por patrullas alemanas.

A las 11 de la noche, el segundo bombardero y su remolque sobrevolaron el lugar acordado. En tierra, los hombres de avanzada que habían instalado reflectores y guía de navegación escucharon el avión volando entre las nubes, luego se alejó. Supusieron que el Halifax regresaba a la base después de haber soltado el planeador. Esperaron largo rato pero el planeador no apareció.

El piloto del Halifax, que volaba en círculo entre densas nubes había perdido el rumbo, el hielo se acumulaba en las alas, escaseaba el combustible y perdía altura. Tras hacer varios intentos para ganar altura el cable de remolque se rompió y el planeador se precipitó contra una montaña cubierta de nieve. Los sobrevivientes también fueron capturados por patrullas alemanas.

Como resultado de este ataque fallido, las patrullas alemanas incrementaron las medidas en seguridad, colocaron minas y aumentaron la vigilancia, especialmente en el único puente colgante de unos 75 metros de largo que permitía cruzar un abismo de 200 metros sobre el río Maan y que facilitaba el acceso a la planta.

Para evitar ser capturados por las patrullas alemanas, los cuatro hombres de Paulsson huyeron y se refugiaron en una cabaña de cazadores en espera de instrucciones. Durante tres meses se enfrentaron a muy bajas temperaturas, se alimentaron con carne de reno y para evitar el escorbuto comieron el contenido de su estómago y líquenes.

Operación Gunnerside

En vista de que la operación Freshman había fracasado, se decidió hacer un nuevo intento. El Cuerpo de Operaciones Británico determinó que la misión sería mejor ejecutada por un comando de la resistencia noruega, que en esos momentos se encontraba en Inglaterra entrenándose en el arte del saboteo. El comando estaba encabezado por un joven de 23 años, Joachim Ronneberg y cinco paracaidistas. La primera parte del plan era reunirse con los hombres de Paulsson que esperaban ocultos en Noruega en la cabaña de cazadores, para luego proceder a dinamitar la planta de Vemork.

El 23 de enero de 1943, un bombardero Halifax despegó de su base y sobrevoló la zona, pero las densas nubes le impedían toda maniobra. En vista de que el mal tiempo persistía, el piloto decidió hacer saltar los hombres a ciegas y regresar a su base. Cada paracaidista iba provisto de una píldora de cianuro para suicidarse en caso de ser capturados.

Después de tocar tierra, los paracaidistas calzaron sus esquíes y se dirigieron hacia la cabaña para encontrar los hombres de Paulsson. Durante el camino observaron arbustos, lo que indicaba que no estaban esquiando sobre el lago congelado sino sobre tierra. No habían saltado en el sitio planeado.

Esa misma noche se desató una fuerte tormenta, por lo que decidieron regresar a una cabaña que se encontraba cerca del lugar donde descendieron. Allí, por medio de mapas, determinaron su posición exacta.

La tormenta fue muy violenta y prolongada. Soplaban vientos huracanados, la temperatura cercana a los 25 grados bajo cero y la nieve alcanzaba casi el techo. Al cuarto día la tormenta amainó, los hombres emprendieron de nuevo la marcha y después de dos días se encontraron los dos grupos.

La reunión fue un gran acontecimiento. Hacía tres meses que los hombres de Paulsson habían permanecido ocultos y aislados. Ahora compartían chocolates, cigarrillos y vegetales deshidratados, pero sobretodo renació en ellos la esperanza de poder continuar la misión.

La mañana siguiente comenzaron a planificar el ataque. La planta hidroeléctrica de Vemork era una fortaleza inexpugnable situada en un saliente rocoso en la ladera de una montaña muy empinada que formaba parte de una estrecha garganta. El saliente de encontraba a 200 metros del fondo y a 900 metros de la cima de la montaña. El agua para alimentar la planta provenía de un sistema hidráulico complejo, consistente en canales, embalses y compuertas que llevaban el agua a las turbinas.

Se podía acceder a la planta cruzando a pié un estrecho puente colgante custodiado por soldados alemanes, o por medio de un ferrocarril. La vía férrea tendida en la ladera de la montaña se utilizaba esporádicamente para trasportar materiales. El tren ingresaba a la planta a través de un fuerte portón hecho con barrotes de hierro.

Ronneberg tenía fotografías aéreas de la zona. Sabía que los alemanes no custodiaban la ladera de la montaña ni el desfiladero, consideraban que allí era imposible escalar. La zona estaba minada, tenía barreras de alambre y nidos de ametralladora. Las fotos aéreas revelaban que en las paredes rocosas de la ladera de la montaña había hendiduras y matorrales que facilitaban su escalada. El grupo de Ronneberg planificó cruzar el río e intentar ascender hasta alcanzar la línea del ferrocarril.

Para realizar el ataque, acordaron formar tres grupos, cada uno con una tarea específica. Dos hombres se encargarían de las comunicaciones, cinco, incluido Ronneberg, formaban el grupo de demolición que ingresaría a la planta para dinamitarla y dos se quedarían en la retaguardia para protegerlos.

Para no ser descubiertos, el descenso hasta el río y el ascenso por la ladera debía efectuarse de noche y en completo silencio. Cada hombre debía estar cargado con explosivos, herramientas y armas de fuego. Antes de aventurarse a la escalada, un nativo de la zona, Claus Helberg, ayudado por mapas y fotografías saldría a reconocer el lugar, seleccionar el sitio de ascenso y la ruta a seguir para alcanzar la vía férrea. Antes de partir, el comando convino en seguir las indicaciones de Helberg, y si lograban salir con vida, regresarían por el mismo camino.

La noche del 27 de febrero los nueve hombres vestidos de blanco y cargando pesados morrales se encaminaron hacia el acantilado. Antes de emprender el descenso se quitaron y escondieron el ropaje blanco y los esquís, los cuales serían recogidos a su regreso. Y ya con el uniforme militar británico comenzaron el descenso.

Guiados por Helberg bajaron por la ladera, se hundieron en

la nieve y resbalaron peligrosamente en varias ocasiones, lograron alcanzar el río congelado en el fondo del desfiladero. En lo alto, contra el cielo gris podían divisar el puente colgante.

Caminaron a lo largo del río hasta llegar al lugar del ascenso. Allí se detuvieron un rato para examinar la empinada vertiente donde 200 metros más arriba se hallaba la vía del ferrocarril.

Muy lentamente y en silencio emprendieron la escalada sujetándose a salientes rocosos, ramas y arbustos, buscando con las manos y pies alguna hendidura donde apoyarse. A las 11 de la noche, después de tres horas de iniciado el ascenso, llegaron a la vía férrea

El enorme edificio de la planta hidroeléctrica se encontraba a menos de 1000 metros. Siguiendo la dirección de los rieles y con la esperanza de que ninguno de ellos pisara una mina, el comando se encaminó hacia la caseta de los transformadores que estaba a unos 200 metros del edificio. Allí, aguardaron por el cambio de guardia que ocurriría a las doce de la noche.

Minutos después de la medianoche, caminando entre los rieles se acercaron a pocos metros del portón de entrada. Ronneberg ordenó a uno de los hombres cortar la cadena que lo mantenía cerrado. El portón se abrió y en pocos segundos todos estuvieron adentro. Los dos hombres encargados de la protección se apostaron para mantener libre la ruta de retirada.

El grupo de demolición ya se encontraba en las afueras del edificio de electrólisis. A través de una ventana podían ver a un obrero y las celdas donde se encontraba el agua pesada. Para ingresar al edificio, debían hacerlo a través de un túnel excavado en la roca que conducía cables eléctricos. Tenía uno 20 metros de longitud y era tan estrecho que a duras penas un hombre podía pasar.

Ronneberg y un compañero se introdujeron, avanzaron lentamente sin hacer el menor ruido, llegaron al sótano donde estaba el depósito y pistola en mano sometieron al obrero. Extrajeron de su morral los explosivos y los adosaron a los 18 cilindros metálicos que contenían el agua pasada, colocaron la mecha y le prendieron fuego. Tenían 30 segundos para salir de allí. Corrieron hacia la salida y a los pocos metros oyeron una explosión muy atenuada por las gruesas paredes del edificio.

El grupo de protección estaba apuntando sus armas a la puerta de la barraca donde esperaban que salieran los soldados alemanes. La puerta se abrió y apareció un solo soldado, inspeccionó su alrededor y volvió a entrar. Tal asombrosa despreocupación se debía a que en la planta se producían frecuentes detonaciones parecidas.

El grupo de asalto se alejó del edificio siguiendo el mismo camino que habían seguido al entrar. Todos sus integrantes estaban ilesos, ni siquiera tuvieron necesidad de acuchillar a alguien o disparar un tiro. Cuando se encontraban en el fondo del valle oyeron el ulular de las alarmas.

Comenzaron a escalar la ladera y una vez en la meseta se escondieron entre los matorrales, buscaron las mochilas, los trajes blancos de camuflaje y los esquíes que habían ocultado unas horas antes.

Los guardias alemanes buscaban a los saboteadores dentro y fuera de la planta. A lo lejos podían ver los reflectores encendidos, sus haces luminosos se movían en busca de los asaltantes y por la vía cercana circulaban vehículos repletos de soldados. Sabían que en cualquier momento podían ser encontrados.

El viento helado arreciaba y el hielo en el suelo hacía muy lento su avance, al principio de la tarde muy cansados llegaron a la cabaña, pero se encontraban muy cerca de la planta para sentirse a seguros. Durante 14 días, unos 1.300 soldados participaron en su búsqueda. Sólo la tormenta evitaba que las patrullas alemanas los encontraran.

Esquiando, sólo protegidos por sus uniformes blancos y refugiándose en las cabañas de cazadores que había en la zona, lograron alcanzar la frontera sueca y de allí fueron trasladados a Londres.

La explosión en la planta había destrozado todas las celdas, se habían perdido unos 500 litros de agua pesada, por lo que el proyecto atómico alemán se veía severamente retrasado. Sin embargo, a mediados de abril de 1943, dos meses después del ataque, ya se habían reparado las averías e reiniciado la producción.

En vista de que la planta seguía operando y ya no era posible realizar una segunda operación de sabotaje, las fuerzas aliadas resolvieron bombardearla. Lanzaron una ofensiva con 150 aviones que descargaron centenares de bombas, pero los daños ocasionados fueron pocos.

Los comandos nazis sabían que de seguir allí serían atacados, por lo cual resolvieron trasladar el agua pesada a un lugar más seguro dentro de Alemania.

A mediados de febrero de 1944, dos vagones fuertemente custodiados transportaban unos 50 cilindros de agua pesada. Los cilindros serían embarcados en el trasbordador Hydro que los llevaría al lado opuesto del lago Tinnsjo de donde continuarían su viaje a Alemania.

Cuando el trasbordador se encontraba en el centro del lago, una explosión le abrió un boquete en el casco. En pocos minutos se hundió llevándose consigo la preciosa carga. Para que el rescate de los cilindros no fuera posible, el hundimiento se produjo precisamente cuando el Hydro se encontraba navegando sobre una fosa de unos 400 metros de profundidad.

El hundimiento del Hydro había sido planificado y ejecutado por Knut Haukelid, un integrante del grupo Gunnerside y dos miembros de la resistencia noruega, quienes colocaron un explosivo y un sistema de relojería en la cloaca del trasbordador.

Noruega celebra como uno de sus más relevantes acontecimientos históricos la hazaña llevada a cabo por el grupo que actuó contra la central de Vemork. El sabotaje, su huida, su resistencia y su lucha por sobrevivir los hizo merecedores de las más elevadas condecoraciones otorgadas por Gran Bretaña, Noruega y Estados Unidos.

Al terminar la guerra, la planta de Vemork fue reconstruida y puesta en funcionamiento. En 1980, un informe de la CIA indicaba que en 1959 Israel había utilizado el agua pesada suministrada por Noruega para producir el plutonio que fue utilizado en la fabricación de la bomba atómica israelita y la India había utilizado agua pesada proveniente de Noruega para poner en marcha unos cuantos reactores.

LA SUPUESTA BOMBA ATÓMICA ALEMANA

Sobre las supuestas armas atómicas secretas alemanas hay serias controversias. El periodista Luigi Romersa afirma que los alemanes detonaron una bomba atómica la noche entre el 11 y el 12 de octubre de 1944 en Rügen, una isla en el Mar Báltico. La isla de Rügen era un lugar secreto vigilado por unidades especiales donde se alistaban las nuevas armas.

Romersa declaró haber sido testigo de esa prueba nuclear y revela que la magnitud de la explosión fue captada fotográficamente desde varios lugares de la costa báltica y la onda sísmica provocada por la detonación fue detectada en la distante Estocolmo. Otros afirmaban que una bomba a punto de ser construida había sido enviada a Japón a bordo del submarino U234.

Muchos expertos creen que los nazis estaban muy lejos de producir una bomba de ese tipo. Hasta el físico más destacado del proyecto atómico alemán, Werner Heisenberg, afirmó que nunca hubo un proyecto nuclear de importancia.

Tras la Segunda Guerra Mundial, las misiones norteamericanas y soviéticas al "rastrillar" el territorio germano, sólo hallaron vestigios de algunas investigaciones diseminadas en varios centros. Determinaron que las investigaciones estaban orientadas fundamentalmente a la construcción de reactores que nunca llegaron a funcionar y nunca alcanzaron criticidad.

El coronel D.L. Putt, jefe del servicio secreto del comando aéreo norteamericano destacado en Alemania, declaró que el tiempo era el único obstáculo. Los alemanes tenían dos bombas atómicas y que sólo en unas pocas semanas las tendrían acopladas a un cohete V-2.

El día 26 agosto de 1945, apareció en los periódicos *The Times*, *New York Times* y en algún otro diario, una nota conjunta emitida por el ejército norteamericano y el gobierno británico. La nota arrojaba los resultados de las investigaciones realizadas por la inteligencia angloamericana y comentaba el avanzado estado de la tecnología nuclear germana y de los cohetes intercontinentales.

En su libro Cruzada en Europa, el General Dwight Eisenhower escribe:

> *Si los alemanes hubieran terminado sus armas unos meses antes, nuestro desembarco no hubiera sido posible.*

En 1945, Winston Churchill, al amunciar la victoria dijo:

> *Las armas descubiertas en territorio alemán indican que la rendición del enemigo libró a la Gran Bretaña de un gravísimo peligro.*

PROGRAMA ATÓMICO DE ESTADOS UNIDOS

A pesar de la carta enviada el 2 de agosto de 1939 por Albert Einstein, donde se alertaba sobre la necesidad de desarrollar armas nucleares antes que Alemania lo hiciera, el gobierno de Presidente Roosevelt no lo tomó muy en serio, muchos de sus asesores pensaban que la energía nuclear no conduciría a nada práctico, sólo era un "nuevo juguete" de que disponían los científicos.

Sin embargo, en 1940, ante la amenaza que representaba Alemania, Estados Unidos, Inglaterra y Canadá se propusieron desarrollar el *Proyecto Manhattan* al que se le otorgaron 2.000 millones de dólares.

La decisión de construir la bomba atómica fue reforzada cuando a finales de 1941 el físico y humanista australiano Marcus Oliphant diera a conocer a la comunidad científica, militar y política de Estados Unidos un informe escrito por los físicos, el austriaco Otto Frisch y el alemán Rudolf Peierls de la Universidad de Birmingham, Inglaterra. El informe contenía un nuevo cálculo de la masa crítica que indicaba que volumen y peso de la bomba sería inferior a lo que se estimaba.

El nuevo cálculo, aparte de indicar que sólo era necesario la cantidad de 1 Kg de uranio-235 para producir una explosión nuclear, proponía un método para enriquecer el uranio y un procedimiento para obtener plutonio. Indicaba también que la mejor defensa contra un ataque nuclear era tener un arma similar, y si más potente, mejor. Antes que Frisch y Peierls presentaran sus cálculos, se suponía que se necesitaban varias toneladas de material fisible, lo que hacia que la bomba, aunque teóricamente posible, fuese militarmente inútil, pues no podía ser lanzada desde un avión.

Cuando en septiembre de 1939 en Europa estalló la Segunda Guerra Mundial, Estados Unidos se declaro neutral. Si embargo, un año después como Inglaterra corría el riesgo de ser invadida por Alemania, la "neutralidad" estadounidense se manifestó mediante el envío de navíos de guerra y barcos cargados con bombas, armas, combustible, vehículos y otros pertrechos, para que Inglaterra los utilizara contra Alemania. Por esta razón, en el Atlántico Norte los convoyes estadounidenses fueron atacados por submarinos alemanes.

Estados Unidos veía con preocupación como las Fuerzas del

Eje continuaban su avance en casi todos los frentes. Sus ejércitos, triunfo tras triunfo en pocos días conquistaban países enteros sin obtener casi resistencia, por lo cual, cuando Inglaterra se vio imposibilitada para adquirir más pertrechos, el presidente Roosevelt logró que el Congreso aprobara en calidad de préstamo 13.550 millones de dólares para Inglaterra y 9.000 millones para Rusia.

El 7 de diciembre de 1941, tras el bombardeo japonés a la base naval norteamericana de Pearl Harbor en Hawai, Estados Unidos declaró la guerra a Japón y cuatro días después, en defensa de su aliado japonés, Alemania e Italia le declararon la guerra a Estados Unidos.

La entrada en guerra por parte de Estados Unidos trajo como consecuencia que el Proyecto Manhattan se acelerara.

El principal producto del Proyecto Manhattan fue la construcción de las bombas atómicas. Sin embargo, una vez que la tuvieron surgieron serios conflictos entre los científicos en cuanto a la forma de utilizarlas. Unos opinaban que sería una atrocidad emplearlas contra seres humanos, otros argumentaban que sería suficiente una demostración ante el gobierno japonés para que desistiera continuar la guerra. Otros, incluyendo Oppenheimer, temían que si se anunciaba el sitio de la demostración, el enemigo podría trasladar allí los prisioneros de guerra y utilizarlos como escudos humanos. Muchos opinaban que el uso de las bombas era inmoral e innecesario.

Sin embargo, ni el gobierno ni las fuerzas militares estadounidenses tomaron en cuenta las opiniones de quienes la habían creado. Así que, después de la rendición de Alemania, para terminar la guerra en el Pacífico el objetivo norteamericano fue Japón.

PROYECTO MANHATTAN

El Proyecto Manhattan fue un enorme esfuerzo científico e industrial que inició con 30 expertos y terminó con 5000 investigadores altamente calificados en diversas especialidades. Produjo grandes avances científicos, costó el equivalente a treinta mil millones de dólares actuales, empleó a 125.000 personas, de las cuales muy pocas sabían que estaban trabajando para fabricar armas nucleares. En el proyecto estaban incluidas una serie de instalaciones destinadas a producir uranio-235 y plutonio-239 en cantidades suficientes para fabricar armas atómicas.

En septiembre de 1942, el Presidente Roosevelt designó como responsable militar del proyecto al Coronel Leslie Groves, un dinámico ingeniero con excepcional sentido de organización. Compró al Congo Belga, hoy República Democrática del Congo,

 1.250 toneladas de mineral de uranio de alta ley[28] y lo almacenó en Staten Island para ser posteriormente utilizado para fabricar bombas atómicas. Asignó la administración del proyecto en manos de corporaciones competentes como DuPont y Kellogs y fundó varios centros de investigación, entre los que se encuentran Los Alamos en Nuevo México; Oak Ridge en Tennessee y Hanford en el estado de Washington.

LOS ALAMOS

El sitio seleccionado por Groves y Oppenheimer para fundar el laboratorio destinado a producir material fisible y armas nucleares fue Los Alamos, situado en el desierto de Nuevo México. La zona era bien conocida por Oppenheimer, quien había transcurrido allí buena parte de su juventud.

Robert Oppenheimer, el eminente físico de la Universidad de California, había sido nombrado director científico del proyecto. Se rodeó de excelentes investigadores: físicos, químicos e ingenieros, la mayoría refugiados europeos a los que dotó con equipos e instrumentos de última generación.

En 1942, el mismo año que se creaba el laboratorio de Los Alamos, Enrico Fermi en Chicago ponía en marcha un reactor nuclear, el Chicago Pile 1, con lo que Estados Unidos se adelantaba en la carrera nuclear.

El laboratorio de Los Alamos era una instalación secreta destinada a centralizar y coordinar el desarrollo de las primeras armas. Luego, se convertiría en un importante centro de investigaciones científicas bautizado con el nombre de Los Alamos National Laboratory, donde todavía se llevan a cabo investigaciones clasificadas.

Aunque en Los Alamos trabajaban miles de personas, su ubi-

---

[28]En minería la ley es una medida que describe el grado de concentración de recursos naturales valiosos presentes en una mena, siendo la mena un mineral del que se puede extraer el recurso porque lo contiene en cantidad suficiente para poder aprovecharlo.

cación se mantenía secreta. El personal, sólo podía comunicarse con el resto del mundo por medio de la dirección postal 1.663 de Santa Fe, Nuevo México.

Las investigaciones realizadas en Los Alamos se vieron coronadas el 16 de julio de 1945 tras la exitosa detonación de la primera bomba nuclear llamada prueba Trinity. Le siguieron dos bombas más, una detonada en Hiroshima y otra en Nagasaki.

En 1952 se fundó un nuevo laboratorio, el Lawrence Livermore Nacional Laboratory, donde se diseñó todo el arsenal atómico de posguerra de los Estados Unidos, entre lo que se encuentra la bomba de hidrógeno. Aparte de la producción armamentos, allí se efectuaron investigaciones básicas como la fusión nuclear, se desarrolló un acelerador de partículas y se fundó el primer Servicio de Radio Física Sanitaria.

Actualmente, el laboratorio es una de las instituciones multidisciplinarias más grandes del mundo, tiene unos 7.000 empleados y un presupuesto anual de 22.000 millones de dólares.

OAK RIDGE NATIONAL LABORATORY

El Oak Ridge National Laboratory fue creado en 1943 con la finalidad de producir y suministrar los materiales para que el Proyecto Manhattan evolucionara con normalidad. Una de sus principales tareas fue el enriquecimiento del uranio-235.

Oak Ridge era un pequeño pueblo agrícola de unos 3.000 habitantes situado en un lugar apartado en la zona montañosa de Tennessee. En 1942, el General Groves seleccionó el área por tener baja densidad de población, buenas vías de comunicación y disponer de suficiente agua y electricidad. Pronto el pueblo se convirtió en una pequeña ciudad de unos 75.000 habitantes, cuyo sobrenombre fue *Secret City* o *Atomic City*. Actualmente la planta de Oak Ridge se emplea para producir combustible para los reactores nucleares.

HANFORD SITE

Hanford está situado a orillas de rio Columbia en el estado de Washington. Se edificó en 1943 como parte del Proyecto Manhattan sobre una superficie de 1.518 kilómetros cuadrados. En Hanford, se construyó el *Reactor B*, el primer reactor que produjo plutonio-239 a gran escala. También se construyó una planta que separaba el plutonio del uranio remanente por medio de proce-

133

dimientos químicos. De allí,en febrero de 1945, fue enviado un cargamento de plutonio a Los Alamos, el cual probablemente fue utilizado para fabricar la bomba de prueba Trinity y la detonada en Nagasaki.

El reactor B, basado en el diseño de Enrico Fermi, fue construido por DuPont en sólo 13 meses. Generaba 250 megavatios, utilizaba uranio metálico natural como combustible, grafito como moderador y agua del río Colorado como refrigerante.

Durante la época de la Guerra Fría, en las instalaciones de Hanford llegaron a funcionar nueve reactores que produjeron unos 57.000 kilogramos de plutonio, suficiente para fabricar 60.000 bombas atómicas. Al terminar la guerra se habían generado 200.000 metros cúbicos de desechos radiactivos que fueron colocados en 177 tanques de almacenamiento y se había contaminado el agua subterránea en una superficie estimada en 520 kilómetros cuadrados.

Después de 40 años de funcionamiento ininterrumpido, en 1987 los reactores fueron clausurados y sepultados. Sólo el reactor B fue declarado monumento histórico nacional, que ahora es accesible al público en visitas guiadas.

Actualmente Hanford es la zona más contaminada de Estados Unidos. Se estima que contiene las dos terceras partes de los desechos radiactivos de la nación y es donde se realiza la mayor limpieza ambiental.

LAS BOMBAS ATÓMICAS

El desarrollo de la bomba atómica representó un esfuerzo científico y tecnológico sin precedentes. Debido a su alto costo, en Los Alamos sólo se proyectaron dos tipos de bomba, la de uranio-235 cuyo nombre en clave fue Little Boy y la de plutonio-239 cuyo nombre fue Fat Man.

LITTLE BOY

En la bomba Little Boy, para iniciar la reacción en cadena y provocar la explosión, se lanzaba un trozo de uranio contra otro, con lo que se obtenía la masa crítica.

La unión de los trozos debía realizarse rápidamente, de lo contrario el calor generado al iniciarse la reacción evaporaría el uranio y la reacción se detendría. Little Boy pesaba 4.400 kilogramos, contenía 64 kilogramos de uranio enriquecido al 80% del cual menos de un kilogramo se fisionó, el resto se dispersó sin producir energía alguna. Entre 600 y 900 miligramos de materia se convirtieron en energía, liberándose unos 16 kilotones.[29]

Little Boy fue lanzada de un bombardero tipo B-29 que volaba a 10.450 metros de altura. Para evitar una posible explosión durante el traslado se transportó desactivada. Fue activada durante el vuelo y los dispositivos de seguridad se eliminaron 30 minutos antes de alcanzar el objetivo. Detonó a 580 metros de altura sobre la ciudad japonesa de Hiroshima el 6 agosto de 1945 a las 8:15 de la mañana.

Fat Man

Fat Man era una bomba de implosión que pesaba 4.670 kilogramos, contenía 6,2 kilogramos de plutonio-239 cuyo volumen era de 350 ml. Sólo un 20% del plutonio fisionó, el resto se disipó sin producir energía alguna. Fue lanzada desde un bombardero B-29 y detono a 550 metros de altura sobre la ciudad de Nagasaki liberándose 25 kilotones.

 El combustible de la bomba estaba formado por una esfera subcrítica de plutonio rodeada por otra esfera compuesta por cargas de explosivo convencional que eran detonados simultáneamente. La explosión comprimía el plutonio para que alcanzara criticidad y la reacción en cadena.

El mecanismo de detonación, aparentemente simple, presentaba una gran dificultad, era muy difícil explotar todas las cargas con la simultaneidad requerida. Por tal motivo los expertos, al no estar seguros de su eficacia, decidieron detonar una bomba de prueba. La prueba se realizó el 16 de julio de 1945 en el desierto de Los Alamos cerca de Alamogordo en Trinity Site.

La guerra del Pacífico

El 27 de septiembre de 1940 en Berlín se firmó un pacto entre Japón y las Potencias del Eje, es decir, Alemania e Italia. Con

---

[29]El kilotón es una forma de expresar la cantidad de energía liberada en una explosión. Equivale a la energía entregada por una tonelada métrica de TNT, es decir 4,184 gigajulios, en tanto que el megatón es mil veces mayor.

este pacto se constituía oficialmente una alianza militar que se oponían a las Fuerzas Aliadas.

Uno de los motivos que llevó a Japón a firmar el pacto fue la invasión por parte de potencias coloniales europeas a territorios que Japón consideraba de su influencia.

Ante la derrota de Francia por parte de los ejércitos alemanes, la situación de Francia en Indochina se vio debilitada. Aprovechando la ocasión, en Julio de 1941 Japón envió tropas a Indochina. La invasión de Indochina origino que occidente tomara represalias contra Japón mediante un embargo comercial y petrolero. Estados Unidos le cortó el suministro de petróleo y ante la amenaza de quedarse sin combustible, Japón decidió buscarlo en otros territorios. Japón planeó invadir el sur este asiático, territorio que para le época era zona de influencia de Holanda, Francia, el Reino Unido y Estados Unidos. El gran obstáculo lo representaba la flota estadounidense del Pacífico, la única que podía hacerle frente.

Por tal motivo, el 5 de noviembre de 1941 el gobierno japonés amenazó con declarar la guerra a Estados Unidos si este país no levantaba el embargo petrolero. Como el embargo no fue levantado, el domingo 7 de diciembre de ese mismo año la Armada Imperial Japonesa lanzó una ofensiva militar contra la base naval estadounidense de Pearl Harbor en Hawai.

La base fue atacada por submarinos, mini submarinos lanza torpedos y 353 aviones entre los que había cazas de combate y bombarderos que despegaron de seis portaaviones. En la base naval estadounidense fueron dañados ocho acorazados, tres cruceros y tres destructores, se perdieron 188 aeronaves y murieron 2400 soldados.

El inesperado ataque produjo gran repercusión en Estados Unidos, ya que entre ambos países no existía declaración de guerra alguna.

Como consecuencia del ataque a Pearl Harbor, el 8 de diciembre de 1941 Estados Unidos declaró la guerra al Imperio del Japón. Con ello entraban de lleno en la Segunda Guerra Mundial, tanto en el teatro de guerra europeo como del Pacífico.

Por su parte, el 11 de diciembre de ese mismo año Alemania e Italia, en defensa de su aliado asiático, le declararon la guerra a Estados Unidos.

Con esta decisión, la no intervención por parte de Estados Unidos en los conflictos mundiales dejó de existir. El apoyo en armas, municiones y combustible que venían suministrando clandestinamente a Inglaterra y otros países dejó de ocultarse y la alianza se hizo pública.

Muchos historiadores opinan que el ataque a Pearl Harbor despertó a un gigante dormido, cuyo despertar condenó a Japón a la derrota. Aunque el ataque representó una victoria para la armada japonesa, la capacidad industrial de Estados Unidos seguía intacta. Su poderío y los recursos de que disponían eran suficientes para alimentar simultáneamente la guerra del Atlántico y del Pacífico. Sólo se había debilitado en forma transitoria su poderío aeronaval en la zona.

En abril de 1942, el Presidente Roosevelt ordenó un ataque a Japón. El ataque fue conocido como Operación Doolittle o raid sobre Tokio. Fue la primera incursión aérea contra Japón durante la Segunda Guerra Mundial. En ella, participaron sólo 16 bombarderos B-25 que despegaron del portaaviones USS Hornet acondicionado para su despegue. El objetivo era intimidar a los japoneses en su propia casa.

Para dominar el Pacífico y evitar que el suelo japonés fuese atacado de nuevo, era necesario eliminar los portaaviones norteamericanos y su poderosa fuerza aérea. Para lograrlo, entre el 4 y 7 de junio de 1942, la flota japonesa atacó la flota estadounidense que se hallaba emplazada en las islas Midway, un atolón de 6,2 kilómetros cuadrados situado en el Pacífico Norte. Allí se libró la más formidable batalla aeronaval del Pacífico donde las fuerzas japonesas fueron derrotadas.

Tras la derrota de Midway, entre el 9 de agosto de 1942 y el 9 de febrero de 1943 se libró la batalla de Guadalcanal, la mayor de las islas Salomón, donde las fuerzas japonesas sufrieron otra derrota, por lo cual Japón tuvo que abandonar su pretendida expansión imperial. Sin embargo, a pesar de su inferioridad la armada japonesa continuó luchando tenazmente hasta el final de la guerra.

El 26 de julio de 1945, el presidente de Estados Unidos Harry Truman, el presidente de la República de China Chiang Kai-shek y el primer ministro de Gran Bretaña Winston Churchill, emitieron la Declaración de Potsdam. Era un ultimátum donde se especificaban los términos de rendición de Japón y advertían que de no ser aceptados, las fuerzas aliadas atacarían el suelo japonés y destruirían sus fuerzas armadas.

A pesar que durante los últimos seis meses el suelo japonés había sido sometido a intensos bombardeos, el gobierno de Japón rechazó el ultimátum. Para obligarlo a rendirse el presidente Harry Truman ordenó el ataque atómico. Nunca antes nadie había tenido que tomar una decisión tan terrible, la de segar la vida de 140.000 seres humanos.

La primera bomba fue detonada el 6 de agosto de 1945 y la segunda el 9 del mismo mes. Algunas horas después de la primera detonación, el presidente Truman, en una alocución dirigida a los estadounidenses dijo:

> *Fuimos atacados por Japón desde el aire en Pearl Harbor, ahora le hemos devuelto con creces el ataque.*

El mismo día de la detonación de la bomba sobre Nakasaki, el Presidente Truman se justifícó diciendo:

> *La usamos para acortar la agonía de la guerra y para salvar las vidas de miles y miles de nuestros jóvenes.*

Muchos opinan que tal decisión fue acertada, puesto que los bombardeos estadounidenses ya habían causado unas 500.000 muertes y Japón no se rendía. La alternativa era un bloqueo naval y una invasión, lo que probablemente hubiera causado un alto costo en vidas humanas para ambos contendientes. Muchos estaban convencidos de que la rendición de Japón se hubiera podido lograr sin recurrir a las armas nucleares. Consideraban que su empleo contra civiles y militares era un crimen de guerra.

Dwigth Eisenhower, que para la fecha era el comandante supremo de las fuerzas aliadas en Europa y futuro sucesor de Truman, en la Casa Blanca dijo:

> *Los japoneses estaban listos para rendirse, no hacía falta golpearlos con esa cosa horrible.*

El 15 de agosto de 1945, seis días después de la última detonación, el Imperio del Sol Naciente anunció su rendición incondicional y así concluyó la Guerra del Pacífico y la Segunda Guerra Mundial.

Pronto apareció otra guerra, la Guerra Fría, la que originó una gran tensión y rivalidad entre Estados Unidos y la Unión Soviética y sus zonas de influencia. La Guerra Fría entre estas dos superpotencias dio origen a una carrera armamentista, consistente principalmente en la fabricación cohetes intercontinentales y más y mejores armas nucleares.

Después de las explosiones nucleares, el Presidente Truman quiso felicitar al "padre de la bomba" pero se topó con un hombre física y moralmente deshecho. Lo primero que dijo Oppenheimer fue:

Señor Presidente,
yo tengo las manos manchadas de sangre.

Afectado por la enorme destrucción causada en Japón, renunció a su cargo y se dedicó a la enseñanza en el California Institute of Technology y en la Universidad de California. Luego, acepto el cargo de director del Instituto de Estudios Avanzados en Princeton, donde compartió experiencias con Albert Einstein.

Su gran prestigio lo utilizó para promover el conocimiento de la ciencia y de la tecnología relacionada con el uso pacífico de la energía atómica. En la Naciones Unidas desarrollo un plan para el control internacional de la energía nuclear.

En 1949, a pesar de que los soviéticos explotaron su primera bomba atómica, Oppenheimer y muchos otros científicos se opusieron a la fabricación de bombas termonucleares. Alegaban que el peligro que representaba su explosión era superior a los posibles resultados militares.

A pesar de la advertencia, el Presidente Truman ante el temor de quedar técnicamente rezagado respecto a los soviéticos, decidió fortalecer el proyecto y ordenó la fabricación de la bomba de hidrógeno.

Oppenheimer siguió siendo director del Instituto de Estudios Avanzados de Princeton hasta 1966. Un año después, a la edad de 63 años, falleció como consecuencia de un tumor en la garganta.

La mayor parte de los científicos que intervinieron en la fabricación de las dos únicas bombas que fueron utilizadas contra la población civil japonesa, se oponían a que sus investigaciones tuvieran uso militar. Entre ellos se encontraba Fermi, Oppenheimer, Szilárd y desde luego Einstein, quien, después de la primera detonación dijo:

> *Debería quemarme los dedos con los que escribí aquella primera carta al Presidente Roosevelt.*

Japón fue el único país que sufrió un ataque nuclear. Su primer ministro, en ocasión del 56 aniversario de las detonaciones, pidió a la comunidad mundial eliminar todas las armas nucleares existentes en nuestro planeta.

PROGRAMA ATÓMICO BRITÁNICO

En el Reino Unido en junio de 1940, después de conocerse el informe de los físicos Otto Frisch y Rudolf Peierls de la Universidad de Birmingham, fabricar una bomba nuclear se hacía más viable. Pero el trabajo de estos científicos era puramente teórico, no se había comprobado experimentalmente. Por tal motivo, el Premier británico Winston Churchill creó el comité MAUD[30] destinado a determinar si en realidad fabricar una bomba era factible. Quince meses después el comité produjo dos informes favorables: "Uso del uranio para fabricar una bomba" y "Uso del uranio como fuente de energía". Así, en 1942 se dio inicio el proyecto secreto británico para el desarrollo de armas nucleares cuyo nombre en clave fue *Tube Alloys*, Aleaciones para tubosen español.

Meses después, en vista de que las investigaciones estaban muy adelantadas y se acercaba la fase de producción, se propuso trasladar el proyecto, que se estaba llevando a cabo en los Laboratorios Cavendish de Cambridge, a Estados Unidos para que el costoso desarrollo se realizara en conjunto. Otro motivo que justificaba el traslado era resguardar a las fábricas británicas de la aviación y la artillería alemana.

---

[30]Military Application of Uranium Detonation.

A pesar de estos sólidos argumentos, muchos expertos estadounidenses consideraban que la colaboración con los británicos era innecesaria y riesgosa. Al compartir información secreta se corría el riesgo de que filtrara al enemigo. Otros argumentaban que los científicos refugiados en Inglaterra, provenientes de países ocupados por los alemanes eran vulnerables. Podrían ser "persuadidos" para revelar información si los nazis presionaban a sus familiares que habían quedado atrás.

Ante el poco interés estadounidense en 1942 el Proyecto Tube Alloy fue trasladado a la Universidad de Montreal, donde se creó un laboratorio de investigaciones nucleares. Sin embargo, al no intercambiar información ni recibir colaboración de parte de Estados Unidos pronto las investigaciones se estancaron.

Para solventar el impasse, en agosto de 1943 el Premier Winston Churchill se reunió en Quebec con el presidente norteamericano Franklin D. Roosevelt y, contra la voluntad del General Leslie Groves, acordaron construir en Canadá un laboratorio dedicado a la física nuclear.

Una de las misiones del nuevo laboratorio era producir plutonio, para lo cual se diseñaría y construiría un reactor nuclear que utilizaría uranio natural no enriquecido como combustible y agua pesada como moderador. En septiembre de 1945, en Ontario a orillas del río Chalk arrancó el primer reactor de uranio natural del mundo, el cual estuvo activo hasta 1970.

Al terminar la guerra, la cooperación entre Estados Unidos y el Reino Unido finalizó y los científicos ingleses regresaron y retomaron sus proyectos de investigación en el Reino Unido. En 1952, vieron coronados sus esfuerzos cuando, con el nombre codificado de Operation Hurricane, detonaron una bomba de plutonio de 25 kilotones. La bomba fue detonada en el interior del casco de un viejo buque de 1.400 toneladas, el HMS Plyn, anclado en las islas Monte Bello situadas al oeste de Australia.

En 1957, explotaron una bomba termonuclear de 1.8 Mt en Kiritimati, una isla del Océano Pacífico. Ante tales demostraciones, en 1958 Estados Unidos y el Reino Unido firmaron un acuerdo cooperación y defensa mutua. El Reino Unido fue el tercer país, tras Estados Unidos y la Unión Soviética, en desarrollar y obtener armas nucleares.

En todo esto Canadá jugó un papel importante en el Proyecto

Manhattan y en el Tube Alloy, ya sea por sus aportes científicos como en el suministro uranio.

En Canadá desde 1920 se venía explotando minas de radio. El geólogo y explorador Gilbert LaBine fue presidente de la compañía de explotación minera llamada *El Dorado* cuyo principal producto era ese metal. Para la época el radio era un elemento escaso y de gran valor que se utilizaba principalmente para combatir el cáncer

En 1930 en Port Radium, situado en el noroeste de Canadá, LaBine descubrió un yacimiento rico en radio y uranio. El uranio era sólo un subproducto de la refinación del radio. Diez años después, debido a la competencia internacional los precios del radio cayeron y la compañía cerró sus operaciones, permitiendo que sus túneles se inundaran.

Tras el descubrimiento de la fisión nuclear el uranio pasó a ser un elemento muy cotizado. Así que en 1942 las minas fueron reabiertas y durante tres años se extrajeron cientos de toneladas de mineral de uranio, que después de refinado era embarcado en Port Hope para ser entregado a los laboratorios de Los Alamos.

PROGRAMA ATÓMICO SOVIÉTICO

El programa soviético para producir armas atómicas dio los primeros pasos en 1939 cuando los físicos Yákov Zeldóvich y Yuli Jaritón publicaron sus trabajos relacionados con la fisión nuclear. Para la época, los investigadores rusos tenían buenas relaciones y compartían conocimientos con los científicos de Occidente.

A finales de 1939, antes de que Estados Unidos emprendiera su programa nuclear, eminentes miembros de la Academia de Ciencias rusa le solicitaron al presidente del Consejo de Ministros de la Unión Soviética, Iósif Stalin, autorización para el pronto desarrollo de un explosivo nuclear, ya que el Instituto del Radio de Leningrado había demostrado que con unos pocos kilogramos de uranio-235 bombardeado con neutrones rápidos, se podía producir una explosión nuclear.

La Unión Soviética dentro de su territorio no disponía de uranio ni de yacimientos aptos para ser explotados, por lo cual el director del proyecto, el físico Igor Vasilievich Kurchatov (1903–1960) intentó comprar uranio enriquecido al gobierno alemán. Se desconoce si tuvo

142

éxito en su intento, ya que el gobierno alemán había prohibido la venta de uranio e implantado un riguroso control sobre las investigaciones nucleares, cosa que también hicieron los soviéticos a partir de 1941.

El desarrollo de armas nucleares por parte de la Unión Soviética fue estimulado por los acontecimientos que se estaban desarrollando en Alemania, Inglaterra y posteriormente en Estados Unidos. Para contrarrestarlos llevaron a cabo un proyecto conocido como Proyecto Barodino, que bajo la dirección de Kurchatv produjo el primer reactor nuclear y la primera bomba atómica.

Barodino era una aldea cercana a Moscú donde en 1812 se libró una gran batalla contra las fuerzas napoleónicas. El proyecto toma su nombre en conmemoración de ese acontecimiento.

Mucha de la tecnología nuclear utilizada por los soviéticos provenía de países occidentales, era suministrada por espías infiltrados en los laboratorios ingleses y estadounidenses. En 1941, el agente estrella soviético el ingeniero Vladimir Barkovski que formaba parte del personal diplomático destacado en la embajada de Londres, envió a su país valiosa información relacionada con el proyecto nuclear británico. Barkovski obtuvo muchos de los secretos británicos y estadounidenses relacionados con la fabricación de armas nucleares. Este súper agente, casi desconocido en occidente, es considerado héroe nacional en la Unión Soviética.

Los físicos rusos, utilizando los diseños y la tecnología sustraída por el físico alemán Klaus Fuchs, que unida a la información suministrada por Barkovski, lograron detonar su primera bomba atómica en sólo cuatro años.

A principios de 1941 Klaus Fuchs había comenzado a trabajar en Inglaterra en el programa Tube Alloy y a partir de ese mismo año comenzó a trasmitir secretos militares a la Unión Soviética. A fines de 1943 fue transferido a Estados Unidos para trabajar en el Proyecto Manhattan, de donde continuó suministrando información clasificada.

Estados Unidos se sentía seguro, tenía la certeza de que los rusos por carecer de uranio no podían fabricar armas nucleares por lo menos en una década. Mientras tanto los geólogos rusos seguían rastrillando su territorio en busca del preciado metal. A mediados de los años 40 encontraron yacimientos en los Urales, Turquestán y en Altay, llegándose a explotar dentro de misma

Unión Soviética unas treinta minas. De allí se extrajo el mineral en forma muy rudimentaria. Se dice que los mineros utilizaban palas de madera y que los yacimientos no contenían el uranio suficiente para satisfacer las necesidades de la Unión Soviética. Se crearon plantas para el enriquecimiento del mineral, una de ellas, la más grande, era una copia exacta de la planta K25 de Oak Ridge.

El general Leslie Groves conocía perfectamente las necesidades soviéticas y la búsqueda de uranio que estaban realizando por toda Europa. Para obstaculizar su programa, se apresuró en apoderarse de las 1.200 toneladas de mineral de uranio que se hallaban escondidas en las minas de sal situadas cerca de Stassfurt, una región de Alemania que iba a ser ocupada por los rusos, la que resultó ser la principal reserva de uranio que tenían los nazis.

Con el fin localizar y deportar científicos que pudieran ser útiles al proyecto atómico soviético, en marzo de 1945 Kurchátov envió brigadas de búsqueda y rescate para Alemania, Austria y Checoslovaquia.

Tras la ocupación de Viena, los rusos encontraron en un edificio de la Auergesellschaft, una empresa dedicada a la producción de uranio, 340 kilográmos de uranio metálico y 100 toneladas de óxido de uranio de gran pureza y en Neustadt am Glewe, 100 toneladas adicionales de óxido de uranio.

La batalla de Berlín fue quizás el último gran enfrentamiento terrestre que se produjo en el II Guerra Mundial y fue precisamente en esta ciudad y sus alrededores donde se encontraban los principales centros de investigación científica. Por tal motivo, la zona fue objeto de una exhaustiva búsqueda por parte de los estadounidenses y los soviéticos.

Puesto que las tropas estadounidenses se aproximaban, los comandos rusos tuvieron que actuar rápidamente. El 25 de abril de 1945, ocho días antes que se anunciara la rendición formal de Berlín, abrieron brecha en las líneas defensivas alemanas. El más importante grupo de búsqueda que se abrió paso fue el comandado por el experto en asuntos nucleares, el coronel Avraami Zavenyagin quien llegó a la cuidad el 3 de mayo. Sus principales objetivos eran el Instituto Kaiser-Wilhelm de Física, la Universidad de Berlín y la Universidad Técnica de Berlín.

Llegados al lugar, el comando soviético se encontró con la desagradable sorpresa de que el Instituto Kaiser-Wilhelm de Física ya no se encotraba allí, había sido trasladado a Hechingen, en la Selva Negra, zona que sería ocupada por las fuerzas francesas. Sólo encontraron la sección de la física de bajas temperaturas.

Uno de los científicos de gran relevancia capturado por los rusos fue el barón Manfred von Ardenne, al que convencieron para que se trasladara con su familia y buena parte del personal y equipamiento de su laboratorio a la Unión Soviética. El gobierno ruso lo nombró director de un nuevo instituto de física creado especialmente para él.

Otros científicos que lo acompañaron fueron:

— Gustav Hertz, Premio Nobel y director del Laboratorio de Investigación II de Siemens de Berlín.
— Peter Thiessen, profesor universitario y director del Instituto Kaiser-Wilhelm para la física, la química y la electroquímica de Berlín.
— Max Volmer, profesor universitario y director del Instituto de Tecnología Química y Física de Charlottenburg.
— Hans Barwich, físico nuclear del Laboratorio Siemens de Investigación de Berlín, quien diez años más tarde fue galardonado con el Premio Stalin.
— Max Steenbeck y Gernot Zippe quienes desarrolloaron un método de enriquecimiento del uranio por separación centrífuga de sus isótopos.

Estos investigadores y muchas decenas de sus más inmediatos colaboradores fueron enviados a la Unión Soviética. Se necesitaron 90 trenes para transportar a los especialistas, sus familiares, sus muebles y sus pertenencias. Se estima que se trasladaron unas 12.000 personas. A los especialistas se le contrataba con un salario similar al de los soviéticos y se le pedía firmar un contrato. No firmarlo, no era una opción posible.

También fueron trasladadas a la Unión Soviética fábricas completas y centros de producción y de investigación, como por ejemplo, el material, los equipos y el banco de prueba utilizado por la Luftwaffe en Erprobungstelle Rechlin para producir el V2. Pero fueron los estadounidenses los que finalmente se quedaron con la mayor parte los científicos alemanes.

Los servicios de inteligencia estadounidense subestimaban el potencial industrial ruso, la capacidad de sus científicos y desconocían los avances soviéticos en materia nuclear. Mientras Estados Unidos se disponía a poner a punto su primera bomba que sería detonada el 16 de julio de 1945 en Nuevo México, no tenía la menor idea de que la Unión Soviética estaba a punto de poner en marcha el 25 de diciembre del mismo año su primer reactor nuclear, con el que podía obtener el plutonio para fabricar una bomba atómica. Entre 1947 y 1948 entraron en funcionamiento seis reactores más, dedicados a la producción de plutonio.

Entre el 17 de julio y el 2 de agosto de 1945 se llevó a cabo cerca de Berlín la famosa conferencia de Potsdam. Allí, se reunieron los presidentes Truman, Stalin y el primer ministro británico Winston Churchill. Truman, para impresionar a Stalin anunció que Estados Unidos había detonado una superbomba de gran poder destructivo. Antes tal información Stalin no mostró interés alguno, los agentes soviéticos ya lo habían informado de la prueba nuclear realizada en Nuevo México.

Poco después, la noticia de la explosión de las bombas atómicas detonadas en Japón alteró los planes de Stalin. Comprendió que los norteamericanos lo aventajaban. Para tratar de equilibrar las fuerzas optó por ordenar al Comisariato del Pueblo para Asuntos Internos, abreviado NKVD, emprender un gran programa de espionaje, principalmente en Estados Unidos, cuyo nombre en clave era Operación Osoaviakhim.

A pesar de que en 1947 la Agencia Central de Inteligencia (CIA) había asegurado a su gobierno que los rusos no estaban en capacidad de construir un arma nuclear antes de 1951, los rusos lograron explotar el 22 de agosto de 1949 en el campo de pruebas Semipalatinsk su primera bomba atómica, con lo cual terminaba el monopolio nuclear estadounidense. La bomba, llamada RDS-1 de 22 kilotones, era una réplica exacta de la bomba estadounidense Fat man.

Sólo unas semanas antes de la prueba nuclear soviética, la Administración Truman desconocía que los rusos tenían una bomba. Días después, el 9 de septiembre, la Comisión de Energía Atómica informó que había ocurrido una explosión nuclear, probablemente en la atmósfera. El 14 de septiembre se detectó contaminación radiactiva en agua de lluvia. El 23 de septiembre, al presidente de

Estados Unidos anunciaba que la Unión Soviética había detonado una bomba atómica, hecho que fue confirmado dos días después por el gobierno ruso.

Sin embargo, las armas nucleares por si solas no proporcionaban la seguridad que los soviéticos requerían, no disponían de bombarderos de largo alcance con capacidad de lanzar una bomba atómica en cualquier parte del mundo. Para contrarrestar esta desventaja, Stalin ordenó iniciar un programa destinado a producir sistemas de lanzamiento de bombas atómicas.

En octubre de 1947, asesorados por científicos e ingenieros alemanes, lanzaron su primer cohete muy similar al V2. Siete años más tarde, en 1954, ya disponían de misiles de largo alcance capaces de llevar cabezas nucleares a miles de kilómetros de distancia.

Tanto Estados Unidos como la Unión Soviética utilizaron como punto de partida la tecnología alemana para desarrollar su programa misilístico.

El conocimiento sobre las disposiciones del enemigo
solo pueden ser obtenidas a través de otros hombres.

Sun Tzu

OPERACIONES DE INTELIGENCIA Y ESPIONAJE

La inteligencia militar está formada por unidades especiales de las Fuerzas Armadas destinadas a obtener información acerca del potencial bélico del enemigo, sus planes de ataque y defensa, sus fortalezas y debilidades, bases militares, sistemas de comunicación, armas y equipos. La inteligencia militar se practica también para obtener información política, económica, social, diplomática, etc.; y está muy relacionada con el espionaje.

La inteligencia y el espionaje nuclear fueron prácticas bastante generalizadas durante la Segunda Guerra Mundial y durante la posterior Guerra Fría. Durante la vigencia del Proyecto Manhattan, llevado a cabo principalmente en Estados Unidos, hubo numerosos casos de espionaje nuclear en el cual científicos o técnicos pasaron información a la Unión Soviética. Especialmente la relacionada con el desarrollo de armas nucleares, diseño y sistemas de propulsión, ubicación geográfica, inventarios, etc.

OPERACIÓN ALSOS

Creada en el otoño de 1943, fue el nombre en clave que se dio a un plan especial del servicio de inteligencia militar que formaba parte del Proyecto Manhattan. Los procedimientos de inteligencia militar de Alsos estaban dirigidas por coronel Boris Pash, en tanto que el físico Samuel Goudsmit se encargaba de los asuntos científicos y técnicos.

Pash, jefe de la contrainteligencia con sede en San Francisco, tenía a su cargo el resguardo del material radiactivo y de reclutar, por cualquier medio, los científicos alemanes que trabajaron en el proyecto nuclear, inclusive recurriendo al secuestro. Por sospechar que seguía en contacto con el partido comunista, hasta llegó a

149

interrogar a Robert Oppenheimer.

Goudsmit debía encargarse de evaluar el desarrollo de la bomba nuclear nazi y obtener tecnología utilizando métodos permitidos y no permitidos. Algunos de los miembros de su comando seguían a las tropas aliadas en Europa con la misión de descubrir las armas secretas alemanas y evitar por todos los medios que cayeran en manos de los soviéticos. La información recibida por Goudsmit lo llevó a concluir que no era posible que los nazis hubieran podido fabricar una bomba a corto plazo.

Una de las misiones importantes de Alsos fue la Operación Epsilon que se llevó a cabo en mayo de 1945. Después de la caída de Berlín, los aliados occidentales se apresuraron en capturar, antes de que cayeran en manos de los soviéticos, a los científicos nucleares más importantes de Alemania. Capturaron catorce, diez de ellos fueron trasladados a Farm Hall, una casa de campo cercana a Cambridge en Inglaterra. También incautaron varias toneladas de uranio-235.

La casa de campo de Cambridge era un refugio del Servicio Secreto de Inteligencia Británico, el MI6. La casa estaba repleta de micrófonos ocultos, lo que permitía registrar todas las conversaciones de los "distinguidos huéspedes de la monarquía inglesa".

Otto Hahn, Werner Heisenberg, Kurt Diebner, Walther Gerlach, Max von Laue, Carl Friedrich von Weizsäcker, Kart Wirtz, Erich Bagge, Horst Korsching y Paul Harteck estuvieron retenidos allí desde julio hasta diciembre de 1945.

Después de transcurridos 50 años, fue publicada la trascripción de sus conversaciones que allí se llevaron a cabo. De ellas se deduce que los alemanes nunca tuvieron un arma nuclear y los esfuerzos que hicieron para obtenerla fueron muy pocos. De hecho, los rusos en su avance hacia Berlín, sólo hallaron un pequeño reactor no operativo y un ciclotrón que fue prontamente desmontado y llevado a Rusia.

En el fondo, ningún científico estaba interesado en el uso de la energía nuclear con fines destructivos, la mayoría de ellos sólo buscaba el conocimiento. Heisenberg, por ejemplo, era un buen amigo de Einstein, Bohr y de Lisa Mietner, todos participantes del Proyecto Manhattan. Nunca llegó a trabajar en el programa de la bomba atómica, pues los nazis desconfiaban de él, lo llamaban *el judío blanco.*

Ante la noticia radiada por la BBC el 6 de agosto de 1945 los prisioneros de Farm Hall quedaron asombrados. No podían creer que los norteamericanos habían detonado una bomba nuclear sobre Hiroshima. Hahn se sintió culpable hasta tal punto que sus amigos temieron por su salud, en tanto que Heisenberg necesitó 12 horas para asimilar la noticia. No creían que los estadounidenses fueran capaces de producir un artefacto tan complejo en tan corto tiempo.

> *Aunque después nos enteramos* -comentó Heisnberg- *que nosotros sólo disponíamos de ocho millones de marcos, en tanto que los americanos gastaron ocho billones, mil veces más que nosotros, pero lo lograron.*

Horst Korsching, el físico alemán compañero de Heisenberg en Farm Hall, narró un hecho que despertó ciertas dudas:

> *El cálculo de la masa crítica que había efectuado Heisenberg con anterioridad estaba errado. Sin embargo, sólo dos días después de la explosión en Hiroshima, curiosamente ya lo había corregido, por lo que convocó una reunión con sus colegas donde determinó correctamente la masa crítica y expuso otros datos fundamentales que intervenían en el diseño de la bomba.*

Este hecho induce a pensar que quizá el objetivo de Heisenberg era evitar que la bomba fuera fabricada.

Esta hipótesis, respaldada por una carta que el físico nuclear Fritz Houtermans envió a los norteamericanos decía:

> *Heisenberg, temiendo las desastrosas consecuencias del éxito, trató de retrasar el proyecto lo más posible.*

A principios de enero de 1946 los diez científicos cautivos en Farm Hall fueron enviados a Alemania y poco después obtuvieron libertad plena.

El comando Alsos, que tenía la misión de investigar y recopilar cualquier información referente a la hipotética bomba alemana, vio coronada su tarea cuando encontró escondido en una gruta excavada bajo la iglesia de Haigerloch el reactor experimental B-VIII, un tosco recipiente de agua pesada con un par de reactores inservibles en su interior.

Samuel Goudsmit fue tajante en sus conclusiones:

El proyecto de la bomba atómica de Hitler fue un mito creado para someter la voluntad de millones de alemanes a una resistencia sin esperanza en una guerra suicida. La prometida Wunder Waffen (WuWa), el arma maravillosa que determinaría el curso de la guerra jamás existió.

La Operación Paperclip fue el nombre codificado de otra maniobra realizada por el Servicio de Inteligencia Militar de Estados Unidos. Después del colapso del Tercer Reich, tenía la misión de capturar los científicos y especialistas en armamentos, cohetería, aviones, submarinos, armas nucleares, armas químicas, etc.; que pudieran encontrar.

Se estima que 700 especialistas alemanes fueron trasladados a Estados Unidos. Para evitar que fueran secuestrados por los rusos, a algunos se les cambió identidad. Muchos de los secretos obtenidos como producto de esta operación están aún clasificados.

La Operación Osoaviakhim fue el equivalente soviético de la Operación Paperclip, que a partir de 1945 rastreó Alemania, Austria y Checoslovaquia con el fin de capturar científicos y apoderarse de las instalaciones nucleares con lo que se pretendía acelerar el proyecto atómico soviético.

El Servicio de Inteligencia Británico

El Servicio de Inteligencia Secreto británico, SIS[31], más conocido como MI6, fue fundado en 1909 por el Comité de Defensa Imperial de la Sección de Relaciones Exteriores. El MI6 era responsable por las actividades de espionaje, inteligencia y seguridad exterior del gobierno del Reino Unido. Durante los años 30 y a lo largo de la contienda mundial, Alemania y el Partido Nacionalsocialista fueron sus principales objetivos.

A principio de la Segunda Guerra Mundial, el M16 cometió varios desaciertos. El más conocido fue quizás el incidente de Venlo, donde miembros del M16 fueron engañados por agentes de la sección de contraespionaje del ejercito alemán, la Abwehr[32], al hacerse pasar por altos oficiales del ejército implicados en un

---

[31]Secret Intelligence Service

[32]La Abwehr era una organización de inteligencia militar que estuvo activa desde 1921 hasta 1944.

complot contra Hitler.

El 8 de noviembre de 1939, mientras los agentes del M16 estaban reunidos con los supuestos conspiradores, agentes de la SS secuestraron a dos de ellos. A pesar de este y algún otro incidente, también hay que resaltar que el MI6 realizó importantes operaciones muy exitosas en diferentes partes del mundo.

La Schutzstaffel o Escuadras de Defensa, conocidas como las SS, era una organización militar, policial, política y de seguridad de la Alemania nazi que desde 1929 hasta el final de la Segunda Guerra Mundial fue comandada por el Reichsführer Heinrich Himmler.

Uno de los mayores logros del MI6 fue descifrar el *Código Enigma*, el código secreto que Alemania utilizaba para las comunicaciones militares y con los submarinos.

Tras la caída de Francia en el verano de 1940, Gran Bretaña quedo sola para enfrentar las fuerzas alemanas. Para sostener la guerra, recibía enormes cantidades de pertrechos provenientes de Estados Unidos. Los submarinos alemanes le inflingían enormes pérdidas al hundir los convoyes estadounidenses y su cargamento. Sólo en 1942 hundieron 1155 embarcaciones.

El Código Enigma lo creaba una máquina en donde cada letra del alfabeto generaba un número con casi infinita cantidad de posibilidades, por lo que los alemanes asumían que su código era indescifrable. El genial matemático británico Alan Turing, utilizando datos suministrados por el servicio de inteligencia polaco, fue el principal responsable de descifrar el Código Enigma. Construyó y trabajo con un computador electromecánico llamado *Bombe* que permitía decodificar mensajes en forma automática, llegándose a interpretar hasta 84.000 mensajes al mes.

Antes de la guerra, cuando Alan Turing sólo tenía 26 años, ya era un experto criptoanalista del Servicio de Inteligencia Británico. Actualmente, Turing es considerado uno de los precursores de la ciencia de la computación y de la informática moderna y una de las mentes más brillantes del siglo XX y quizás de todos los tiempos.

Su carrera se vio truncada al ser descubierta su homosexualidad, condición que para la época era ilegal en Gran Bretaña, por lo que lo imputaron de indecencia y perversión sexual. Para reducir su libido, se le ofreció la opción de ser sometido a tratamiento hormonal con estrógeno o ir a prisión. Escogió el tratamiento hormonal, lo que le produjo gran decaimiento físico y emocional que acabó con su carrera y con su salud.

En junio de 1954, a los de 42 años, dos años después de ser imputado murió por envenenamiento con el cianuro contenido en una manzana a la que llegó a dar un solo mordisco. No se ha determinado si el envenenamiento fue un suicidio, un asesinato o un accidente al contaminarse la manzana con el veneno existente en su laboratorio. La fruta que acabó con su vida, la manzana mordida, es actualmente el logotipo de Apple Inc.

En 1945, tras la derrota del nazismo, las operaciones del MI6 se volcaron hacia un nuevo objetivo, la Guerra Fría. La Guerra Fría surgió entre el bloque de la OTAN, liderado por Estados Unidos y el bloque de Pacto de Varsovia, liderado por la Unión Soviética.

Durante ese periodo, el MI6 realizó operaciones muy exitosas entre las que se destacan el reclutamiento de Oleg Penkovski y Oleg Gordievski miembros del Comité de Seguridad del Estado Soviético, más conocido como KGB.

La KGB era la principal agencia de policía secreta de la Unión Soviética, que antes de su reestructuración en marzo de 1954, se llamó Comisariado del Pueblo para Asuntos Internos o según acrónimo ruso, NKVD.

El doble agente Penkovski, conocido en occidente como el Agente Héroe, fue un coronel al servicio de la Inteligencia Militar Soviética (GRU) desde principios de la década de 1950.

Para evitar que la isla de Cuba fuera invadida por las Fuerzas Armadas de Estados Unidos, la Unión Soviética, esperando no ser descubierta, organizó una maniobra militar secreta cuyo código era Operación Anádir. La maniobra consistía en emplazar en Cuba misiles balísticos con cabeza nuclear, bombarderos y una división de infantería.

En 1962, antes de que la Unión Soviética pudiera finalizar las instalaciones, el agente Penkovski informó de la operación y suministró a los Estados Unidos los planos y las coordenadas de los sitios de lanzamiento. A partir de esa información, el servicio de inteligencia estadounidense identificó los emplazamientos mediante vuelos de reconocimiento llevados a cabo por aviones espías U2.

Por estar el territorio de Estados Unidos separados de la isla de Cuba sólo 150 kilómetros, las bases de lanzamiento vulneraban su seguridad. De la misma forma que las bases estadounidenses emplazadas en Turquía y Alemania vulneraban la seguridad soviética.

Las amenazas que se cernían sobre las dos súper potencias originó lo que se conoce como Crisis de los Misiles, la cual estuvo activa entre el 15 de octubre de 1962, fecha en que se descubrieron los misiles, y el 28 de octubre del mismo año cuando se anunció el desmantelamiento de los misiles y su traslado de vuelta a la Unión Soviética.

Durante los trece días que duró la crisis, fue cuando las dos superpotencias estuvieron más cerca de un enfrentamiento nuclear y fue el momento en que la humanidad se vio más próxima a sucumbir ante la amenaza atómica. Los presidentes que se vieron implicados en la crisis fueron John F. Kennedy y Nikita Kruschev.

De la crisis se derivaron los siguientes acuerdos:

1. El compromiso de Estados Unidos de no invadir a Cuba.
2. La remoción de los misiles soviéticos instalados en Cuba.
3. La remoción del los misiles estadounidenses instalados en Turquía.
4. El establecimiento de un sistema directo de comunicación entre la Casa Blanca en Washington DC y el Kremlin en Moscú, conocido como *teléfono rojo*.

La actividad como espía del agente Penkovski comenzó en julio de 1960 cuando le entregó a un grupo de estudiantes estadounidenses que se encontraban visitando Moscú, un paquete con información clasificada para ser entregado la Agencia Central de Inteligencia (CIA).

Los agentes de la CIA dudaron de la autenticidad de la información y vacilaron antes de ponerse en contacto con el informante. Suponían que podía tratarse de un doble agente o de un ardid de la KGB. Ante tal hecho, Penkovski intentó ofrecer sus servicios a otras agencias en Occidente.

En 1961, durante una corta estadía en Londres, Pendovski se reunió con el espía británico Greville Wynne para que éste organizara una reunión con agentes del MI6 y de la CIA. En esa reunión se acordó establecer canales de información.

Durante los meses siguientes, Pendovski suministró información a dos contactos británicos en Moscú, los esposos Ruari y Janet Chisholm. Ruari, quien era el jefe del MI6 en Moscú, encubría su verdadera actividad actuando como oficial de visado de la Embajada Británica y Janet, una ordinaria ama de casa madre de tres hijos, actuaba como enlace entre Pendovski y su marido.

Quizás el acto de espionaje más importante de Pendovski fue informar al presidente Kennedy sobre el verdadero potencial bélico del arsenal nuclear soviético. Pendovski descubrió que era mucho menor y de menor calidad de lo que los expertos occidentales habían estimado. El arsenal soviético no era como lo anunciaban las fanfarronadas de Kruschev, cuando en octubre de 1960 llegó a afirmar ante la Asamblea General de las Naciones Unidas que los misiles atómicos intercontinentales salían de las fábricas soviéticas como salchichas en una fábrica de embutidos.

En octubre de 1962, tras la información suministrada a la KGB por el doble agente británico George Blake, Penkovski fue descubierto, arrestado y juzgado. En un juicio sumario fue condenado a muerte por espionaje y traición a la patria.

Algunos afirman que fue ejecutado mediante el acostumbrado método soviético de un balazo en la cabeza, otros afirman que para dar a conocer el castigo que merecen los traidores, fue atado a una tabla y cremado vivo en presencia de oficiales.

El otro agente reclutado por el MI6 fue Oleg Gordievski, un coronel de la KGB quien en 1963 fue enviado en calidad de agregado a la embajada soviética de Copenhague. Allí, al descubrir el mundo occidental se desencantó de su país y de los ideales comunistas. En la Unión Soviética se nos decía que vivíamos en el mejor país del mundo, pero la pobreza y la ignorancia eran enormes. Cuando en 1968 la Unión Soviética invadió Checoslovaquia, en lo que se llamó *Primavera de Praga*, la brutalidad hacia el pueblo inocente fue de tal magnitud que llegué a odiar el sistema comunista.

El 1973, Gordievski hizo que la inteligencia danesa, que interceptaba sus conversaciones telefónicas, detectara su descontento. Pronto fue abordado por agentes de seguridad que le propusieron trabajar para la inteligencia británica. Aceptó con la condición de no recibir paga alguna y que se brindara protección a sus contactos de la KGB. Así, durante 17 años, hasta 1985, actuó como un agente secreto al servicio del MI6.

En 1978 regresó a Moscú y permaneció allí hasta que en 1982 fue asignado a la embajada de la Unión Soviética en Londres donde llegaría a ser el funcionario de más alto rango. En mayo de 1985 fue súbitamente llamado a Moscú. Allí, fue "invitado" a una casa de campo de la KGB donde fue drogado e interrogado por más de cinco horas por la contrainteligencia soviética. Sospechaban que espiaba a favor de un país extranjero. Por no tener evidencias contundentes en su contra, fue puesto en libertad y estrechamente vigilado.

Mas adelante, los analistas sospecharían que Gordievski había sido delatado por Aldrich Ames, un oficial alto nivel de la CIA, que por siete millones de dólares había estado vendiendo secretos al KGB.

A pesar de estar muy vigilado, Gordievski logró alertar el MI6 sobre su situación y activó el plan de contingencia que habían acordado años atrás.

En 1978, antes de regresar a la Unión Soviética, entre Gordievski y el MI6 se había establecido un plan de contingencia: Si durante su estadía en Moscú Gordievsky aparecía un martes a las siete de la noche en un lugar determinado de la ciudad utilizando una gorra de cuero, significaba que tenía información importante para el MI6. En cambio si aparecía con una valija en la mano, indicaba que necesitaba ser rescatado. Si el mensaje había sido recibido un hombre pasaría frente a él comiendo una barra de chocolate.

También habían establecido que el rescate se llevaría a cabo el sábado siguiente a las 2 y 30 de la tarde en la carretera Leningrado-Viborg, 21 kilómetros antes de la frontera finlandesa. Allí abordaría un automóvil de la embajada británica, que por ser inmune a las requisas, lo trasladaría fuera de la Unión Soviética.

En vista de su situación, Gordievski activó el plan de escape. Envió a su familia de vacaciones y se presentó un martes a la siete de la noche con una valija en el lugar acordado. Sintió gran alivio al divisar un hombre comiendo una barra de chocolate. Ahora, sólo le quedaba esperar el sábado y burlar la vigilancia de la KGB.

Para facilitar la evasión, los agentes del MI6 de la embajada británica montaron una comedia. La noche del viernes, durante un cóctel de bienvenida al nuevo embajador británico, una empleada de la embajada en avanzado estado de gravidez manifestó que deseaba dar a luz en Helsinki y por eso a la mañana siguiente viajarían hacia Finlandia. La comedia se utilizó para justificar la salida de la Unión Soviética de algunos miembros del personal diplomático británico.

Entre tanto Gordievski viajaba en un bus que se dirigía hacia la frontera. Cerca del lugar acordado fingió sentirse mal y pidió bajarse. Ya en tierra, pocos minutos después divisó el vehículo diplomático. Acostado en el maletero de la berlina Ford logró pasar la frontera y una vez en Finlandia fue trasladado a Gran Bretaña.

En el momento de la fuga su esposa y sus dos hijos se encontraban en la Unión Soviética. Seis años después lograron reunirse con él en Inglaterra, luego de una larga gestión por parte del gobierno británico y de la primer ministro Margaret Thatcher ante el premier soviético Mijaíl Gorbachov.

En noviembre de 2007, Gordievski fue trasladado desde su casa ubicada en Surrey a un hospital de la zona donde permaneció inconsciente durante 34 horas. Al recobrar la conciencia afirmó que había sido envenenado con talio por agentes rusos.

Gordievski, es el único doble agente que a pesar de haber sido descubierto logró escapar de la KGB y que vivió para contarlo. En 2007, fue condecorado con honores por los servicios prestados a Gran Bretaña y fue condenado a muerte en ausencia en la Unión Soviética por el delito de alta traición a la patria.

OPERACIÓN OSOAVIAKHIM

Desde el comienzo de la Segunda Guerra Mundial hasta 1953, Lavrenti Beria (1899–1953) fue un dirigente político que llegó a ostentar el más alto cargo dentro de la policía de seguridad nacional soviética, NKVD.

En 1938 había sustituido a Nikolái Yezhov, el principal responsable por la persecución de millones de personas durante la Gran Purga. En junio de 1941, cuando Alemania invadió a la Unión Soviética, Beria se convirtió en miembro del Comité de Defensa del Estado y uno de los más estrechos colaboradores de Stalin.

A principio de 1940, Beria obtuvo información de su red de

espionaje infiltrada en los centros de investigación nuclear de Estados Unidos, Alemania e Inglaterra, de que estos países estaban poniendo en marcha un programa para el desarrollo de la energía nuclear y la bomba atómica. Sus sospechas se vieron reforzadas cuando los reportes informaban que esas potencias estaban agrupando en los centros de investigación prominentes físicos y acumulando materiales como uranio y agua pesada.

Con los informes disponibles, Beria, no pudo convencer al Politburó del Partido Comunista ni al propio Stalin de que era necesario implementar programas similares en la Unión Soviética. No fue hasta 1942 cuando pudo presentar evidencias contundentes, por lo que le fue dado el visto bueno y se le encargó para que emprendiera el proyecto nuclear soviético. Muchas de las evidencias presentadas por Beria fueron suministradas por el quinto hombre de *Los cinco de Cambridge.*

Los cinco de Cambridge y otros espias

Los cinco de Cambridge formaban una de las redes de espionaje más "productivas" de la NKVD. Estaba integrada por varios hombres del Trinity College de la Universidad de Cambridge, que "seducidos" por la doctrina comunista espiaban a favor de la Unión Soviética. Muchos lograron infiltrarse en selectos círculos británicos como agentes encubiertos o topos en el argot de las redes de espionaje. Cinco de ellos fueron descubiertos, otros, a cambio de su confesión permanecieron en el anonimato y otros nunca llegaron a ser descubiertos.

Algunos de los que fueron descubiertos fueron:

Anthony Blunt, alias "Johnson", un historiador británico que durante cuatro décadas trabajó para los servicios secretos soviéticos. Era un comunista convencido que se había formado durante la época de estudiante.

Guy Burgess, alias "Hicks", un agente de inteligencia británico que junto a Anthony Blunt transmitieron documentos secretos a los soviéticos antes y durante la Guerra Fría.

Donald McLean, alias "Homer", un diplomático británico que fue reclutado por la Unión Soviética durante su estadía en Cambridge. Por sus servicios de espionaje fue ascendido a coronel de la KGB.

Kim Philby, alias "Stanley", era un marxista convencido, miembro de alto rango de la inteligencia británica y agente de la NKVD.

John Cairncross, alias "Carelio". fue descubierto cuando un desertor soviético de la KGB lo delató. En 1951 admitió su condición de espía, pero sus declaraciones se mantuvieron en secreto. Se supone que era el quinto hombre de Cambridge, cosa que él nunca admitió. Su identidad no se conoció públicamente hasta 1990.

Los cinco pertenecían a una sociedad secreta llamada *Los Apóstoles de Cambridge*, sociedad fundada en 1820 por doce personas, de donde deriva su nombre. La sociedad era esencialmente un grupo de discusión que solía reunirse la tarde de los sábados. Uno de sus miembros presentaba un tema que posteriormente era debatido por el grupo.

La sociedad estaba integrada por la élite intelectual de la Universidad. A ella pertenecieron eminentes personalidades británicas como el físico James Clerk Maxwell, el filósofo Bertrand Russell, el economista John Maynard Keynes, entre otros.

Durante los años 30 entre sus miembros creció el entusiasmo antifascista, por lo que muchos decidieron ingresar en el Partido Comunista. Algunos lograron infiltrarse en el MI5 y en el MI6, en el Foreign Office, en el Ministerio de Guerra y en la embajada británica en Washington. El Servicio de Inteligencia conocido como MI5[33] del Reino Unido estaba dedicado a la seguridad interna, en tanto que el MI6 al servicio secreto exterior

El quinto hombre, John Cairncross, suministró información de gran importancia a la NKVD, ya que entre 1940 y 1942 obtuvo el cargo de secretario de Lord Hankey, que para la fecha era el jefe del servicio secreto británico y encargado de presidir la comisión que estudiaba las posibilidades civiles y militares de la energía nuclear

En 1945, Donald McLean, se había infiltrado en los círculos diplomáticos británicos. Manejaba toda la correspondencia entre Estados Unidos y Gran Bretaña relacionada con la investigación nuclear como parte del Proyecto Manhattan.

---

[33]Military Intelligence, section 5.

El más exitoso de los cinco informantes fue Kim Philby, uno de los mejores espías de todos los tiempos. Philby, a pesar de ser un marxista convencido, ocupó un alto cargo en la inteligencia británica. Sin embargo, Moscú no le dio mucha credibilidad, Stalin lo consideraba un triple agente

Durante la Segunda Guerra Mundial, debido a un error cometido por la agencia de la NKVD que operaba encubierta en Nueva York, el servicio secreto estadounidenses identificó varios espías soviéticos que actuaban en occidente. El error consistió en no cambiar con más frecuencia los códigos de la comunicación con su sede ubicada en la plaza Lubyanka en Moscú.

En 1944, los estadounidenses habían obtenido de los finlandeses un manual de códigos soviético parcialmente quemado que le permitió grabar y descifrar los mensajes que los agentes de la NKVD enviaban a Moscú.

Al plan que condujo al descubrimiento de las varias redes de espionaje, a descifrar las comunicaciones entre la Unión Soviética y sus diplomáticos y a identificar agentes encubiertos, se le conoce como *Proyecto Venona.*

El Proyecto Venona, fundado en 1943, era una asociación secreta de las agencias de inteligencia de Estados Unidos y el Reino Unido, creado para interceptar y descifrar las comunicaciones entre la Unión Soviética y sus representantes políticos, militares, diplomáticos, agentes secretos y redes de espionaje.

El proyecto duró 50 años y se mantuvo en secreto hasta tal punto que sólo algunos presidentes de Estados Unidos llegaron a conocerlo. Así mismo, el contenido de los mensajes descifrados se mantuvo oculto hasta la caída del régimen socialista, ocurrido en la década de los 90.

Para esa época, Kim Philby, por ser agente de enlace entre el MI5 y Estados Unidos, tenía acceso a la información que manejaba el Proyecto Venona. La utilizó para permitir que algunos de los espías se fugaran antes de ser capturados. Entre los que lograron escapar se encontraba su amigo Donald McLean.

Aparte de la valiosa información que se obtuvo de los hombres de Cambridge, a los soviéticos lo que más le interesaba era conocer los últimos adelantos técnicos en relación con la fabricación de las bombas atómicas. Esta información sólo podía ser suministrada por personas que trabajaban directamente en los proyectos.

Lograron la complicidad de dos científicos de Los Alamos, precisamente donde se estaban fabricando las bombas. Uno era el joven físico norteamericano de 18 años Theodore Hall, quien ocupaba un cargo en la sección de diseño y fabricación de los mecanismos de implosión de las bombas de plutonio. El otro, y quizás el espía más valioso para los soviéticos fue el comunista alemán nacionalizado británico Klaus Fuchs, quien suministró gran cantidad de información, especialmente la relacionada con ciertos aspectos físicos de la reacción en cadena, los procesos de difusión gaseosa y la teoría de la implosión.

Fucks fue uno de los físicos que había participado del proyecto atómico británico y que luego fue enviado a Estados Unidos para que colaborara con el Proyecto Manhattan. Se cree que sus aportes fueron fundamentales para el desarrollo nuclear soviético, y se estima que sin sus informaciones la Unión Soviética hubiera demorado dos o tres años más en producir la bomba atómica.

Alan Nunn May

Alan Nunn May fue un científico británico que espió a favor del servicio de inteligencia soviético. Durante los años 30, siendo estudiante de física en la Universidad de Cambridge, fue seducido por la teoría marxista que en ese tiempo se propagaba por el mundo.

En 1936, después de su viaje a la Unión Soviética ingresó al Partido Comunista Británico, pero posteriormente no renovó su afiliación. En 1939, se incorporó al programa secreto del desarrollo del radar que se estaba llevando a cabo en Gran Bretaña, luego fue enviado a Montreal para colaborar con el programa Tube Alloy.

Fue allí donde, en 1943, tuvo los primeros contactos con los servicios de inteligencia soviéticos a los que suministró datos técnicos relacionados con las bombas detonadas en Nuevo México e Hiroshima. También envió documentos relacionados con las instalaciones de Oak Ridge y Hanford y hasta llegó a enviar una pequeña muestra de uranio enriquecido.

Sus actividades de espionaje fueron descubiertas en septiembre de 1945. Un empleado de la embajada soviética en Ottawa, Igor Gouzenko, suministró al FBI datos sobre las redes de espionaje soviéticas que operaban en EEUU. En 1946, Nunn May fue detenido en Inglaterra y condenado a 10 años de prisión.

Fue puesto en libertad en 1952, y tras la imposibilidad de encontrar trabajo en el Reino Unido, en 1961 fue contratado como profesor de física de la Universidad de Ghana. En 1978 regresó a Cambridge donde, en enero de 2003 falleció cuando tenía 91 años.

Nunn May nunca aceptó ser calificado de espía.

> *No lo hice para sacar algún provecho personal, sino porque me pareció que al evitar que Estados Unidos tuviera el monopolio de las armas nucleares, prestaba un servicio a la humanidad* -dijo en una oportunidad.

El único pago que recibió de los soviéticos fue una botella de whisky y 200 dólares, que muy ofendido los quemó. Se desconoce el fin que tuvo la botella de whisky.

Klaus Fuchs

La noticia de que la Unión Soviética había detonado una bomba atómica sorprendió a las potencias occidentales. Muchos no podían creerlo. Hasta el presidente Truman tardó algún tiempo en anunciar que la supremacía atómica estadounidense había desaparecido. La situación se complicó aún más cuando se comprobó la asombrosa similitud entre la bomba rusa y la de Hiroshima.

Tal similitud disparó las alarmas y los servicios secretos estadounidenses se lanzaron a la búsqueda de espías que evidentemente estaban infiltrados.

El FBI informó a los servicios de seguridad británicos que un científico inglés que se encontraba en Los Alamos había estado enviando información a la NKVD. Se activaron las investigaciones y Fuchs resultó ser el principal sospechoso.

Fuchs había estado llevado una doble vida: la de un respetable físico que prestó sus servicios a favor de las potencias occidentales y la de un experto espía que durante la Guerra Fría mantuvo informados a los soviéticos sobre los procedimientos de fabricación de las bombas atómicas.

El FBI, tras obtener evidencias sobre sus actividades las comunicó al MI5 para que lo arrestaran, hecho que se produjo en febrero de 1950. Fucks confesó y fue condenado a una pena de catorce años de prisión, la máxima pena que la ley establecía para ese tipo de delito.

Después de nueve años de reclusión fue liberado por buena conducta y una vez en libertad se trasladó a República Democrática Alemana donde fue recibido como héroe nacional y fue nombrado subdirector del Instituto Central de Física Nuclear, situado en las inmediaciones de la ciudad de Dresden.

La captura de Fuchs originó un enfriamiento en las relaciones entre Estados Unidos y Gran Bretaña. Los norteamericanos alegaban que, debido a las escasas medidas de seguridad británicas, los rusos habían podido fabricar una bomba atómica.

Julius y Ethel Rosenberg

En septiembre de 1945 Igor Gouzenko, un ciudadano ruso empleado de la embajada rusa de Ottawa, al enterarse de que él y su familia serían regresados a Rusia decidió desertar. Se puso en contacto con el servicio de inteligencia canadiense para suministrar información a cambio de un asilo político y protección para él y su familia.

Gouzenko poseía un centenar de documentos que demostraban la existencia de redes de espionaje soviéticas en Canadá, Estados Unidos y Gran Bretaña. Dichos documentos condujeron a la detención de decenas de espías, lo que originó el recrudecimiento de la Guerra Fría entre las dos superpotencias.

A partir de su captura, se descubrió que Klaus Fuchs había utilizado los servicios de los esposos Julius y Ethel Rosenberg para enviar a los soviéticos los estudios preliminares sobre la bomba atómica británica. Fuchs también utilizó al químico *Raymond*, nombre clave de Harry Gold, para enviar informes procedentes de Los Alamos relacionados con la reacción en cadena, los procesos de difusión gaseosa, la teoría de implosión y detalles sobre el diseño de Fat Man y la bomba que explotó en Alamogordo en julio de 1945.

En junio de 1950, tras las declaraciones de Harry Gold, David Greenglass fue arrestado. Greenglass, era un hermano de Ethel que había trabajado en los laboratorios de Los Alamos donde se producían los detonadores de alta velocidad utilizados en la bomba de Plutonio. Greenglass le suministró información a su cuñado Julius Rosenberg para que éste la enviara a la Unión Soviética.

Julius y Ethel Rosenberg fueron arrestados por el FBI acusados de espionaje y de enrolar a Greenglass a la red de espionaje soviética. En tanto que Julius Rosenberg se negaba a implicar otras personas de la red de espionaje, Greenglass acusaba a Julius por inducirlo a conspirar contra la seguridad y defensa de Estados Unidos y a favor de un país extranjero.

El juicio de los Rosenberg inició en marzo de 1951. El principal testigo de la acusación fue David Greenglass, quien acusó a su hermana Ethel de haber entregado secretos nucleares a Harry Gold y acusó a su cuñado Julius por suministrar los planos de la bomba utilizada en Nagasaki.

Luego se determinó que tanto los secretos nucleares entregados por Ethel como los planos entregados por Julius, piezas esenciales para su condena, tenían muy poco valor pues estaban plagados de errores. Los datos verdaderamente importantes fueron suministrados por Klaus Fuchs.

El jurado, tras encontrar culpables a los esposos Rosenberg, los condenó a morir en la silla eléctrica. En tanto que Harry Gold fue condenado a 30 años de prisión y Davis Greenglas a 15 años.

A la condena del matrimonio Rosenberg le siguieron dos años de apelaciones, aplazamientos, manifestaciones y rechazo internacional. Hasta el Papa Pío XII y los pequeños hijos del matrimonio entregaron un escrito solicitando indulto presidencial, primero al presidente Harry Truman y luego a presidente Dwight Eisenhower, pero en todas las oportunidades fueron negados.

En Nueva York, en la celda de la cárcel de Sing Sing había un teléfono con conexión directa a la Secretaría de Justicia. Era suficiente una llamada de uno de los Rosenberg donde manifestaran aceptar su culpa para aplazar su ejecución y posiblemente salvar su vida. Pero los Rosenberg nunca consideraron esta posibilidad, mantuvieron hasta el final su inocencia.

El 19 de junio de 1953 alrededor de las 20 horas, ambos fueron ejecutados en la silla eléctrica. Sin embargo, aún hoy después de varias décadas todavía se delibera sobre su culpabilidad. En la historia de Estados Unidos nunca se habían ejecutado civiles por delito de espionaje. Sus dos hijos fueron adoptados por una pareja canadiense con una nueva identidad.

Lo insólito de la justicia fue que Klaus Fucks fue condenado a sólo 14 años de prisión y a los 9 años fue liberado, en tanto que a los esposos Rosenberg se les condenó a la pena capital y fueron ejecutados.

Lo curioso del asunto es que durante el gobierno de Harry Truman la mayoría de los personajes involucrados en la red de espionaje eran de origen judío: Klaus Fuchs, David Greenglass, Harry Gold, Judith Copien, Julius Rosenberg y Ethel Rosenberg.

Un crimen casi perfecto

Alexander Litvinenko de 43 años de edad era un exoficial de la FSB, la agencia de inteligencia rusa sucesora de la KGB cuyo jefe supremo era Vladimir Putin. Después de escapar de una persecución en Rusia, Litvinenko recibió asilo político en el Reino Unido.

En noviembre de 2006 se encontró con dos de sus excolegas en Londres y tres semanas después murió. La autopsia reveló que había sido envenenado con polonio y la concentración de esa sustancia en su cuerpo era cinco veces la necesaria para provocar su deceso.

Los detectives de Scotland Yard emplearon casi diez años para esclarecer el asesinato que estuvo a punto de convertirse en un crimen perfecto. Se supone que fue envenenado debido a la investigación que estaba realizando sobre el asesinato de la periodista Anna Politkóvskaya, la cual comprometía a altos funcionarios del gobierno ruso. Se tienen indicios de que el líder palestino Yasser Arafat corrió con la misma suerte.

El polonio-210, un veneno perfecto

El polonio es un elemento químico muy radiactivo que se encuentra en los minerales de uranio en una concentración de unos 100 microgramos por tonelada. Es muy tóxico y de difícil manejo, inclusive en cantidades de microgramos. Por formar parte de la corteza terrestre, todos convivimos con una cantidad extremadamente pequeña de polonio dentro del cuerpo.

Fue descubierto en 1898 por los esposos Curie mientras estudiaban las emisiones radiactivas de la pechblenda. Su símbolo es Po, su número atómico 84 y todos sus isótopos son radiactivos. El único isótopo natural es el polonio-210, un emisor de partículas alfa de alta energía (5,307 MeV) cuyo período de semidesintegración de 138,4 días. Un solo gramo de este elemento emite igual cantidad de radiaciones alfa que cinco kilogramos de radio y libera tal cantidad de energía que se utiliza como fuente de calor para satélites artificiales y sondas espaciales. Aleado con el berilio puede ser una fuente de neutrones. El polonio-210 se produce en los reactores. Se estima que la producción mundial es de unos 100 gramos por año, la cual es muy controlada por la Comisión Internacional de Energía Atómica.

Las partículas alfa son muy poco penetrantes, pueden ser detenidas por la piel o por una hoja de papel. Sin embargo, si el polonio-210 es inhalado o ingerido, las partículas alfa entran en contacto directo con los tejidos y pueden llegar a destruir el material genético de las células.

Es suficiente ingerir un microgramo de este elemento para producir la muerte, un solo gramo mataría a un millón de personas. Comparado con el cianuro es 250.000 veces más letal. Si se suministra una dosis letal mínima, los síntomas son tardíos y la muerte puede ocurrir meses después, por lo que es difícil relacionarlo con algo que se haya comido, bebido o inhalado.

Su vida media dentro del cuerpo es de 30 días, es decir, a los 30 días en cuerpo queda la mitad de la dosis suministrada; a los 60 días, la cuarta parte; a los 90 días, la octava, etc. Las radiaciones disminuyen debido a las excretas y al decaimiento natural del isótopo, por lo que después de algunos meses es difícil determinar si el nivel dentro del organismo es superior al normal. Además, como se evapora fácilmente es excelente para contaminar un ambiente. Estas características hacen que sea el elemento ideal para ser usado en delitos de envenenamiento.

El verdadero riesgo que representa el polonio para la población, está en el consumo del tabaco, ya que esta planta absorbe el polonio presente en los fertilizantes fosfatados. Es la radiactividad y no el alquitrán el mayor responsable de la muerte por cáncer del pulmón atribuidos al tabaco.

Se estima que la radiación alfa es la causante de unas 12.000 muertes al año por cáncer del pulmón. Así que amigo, si fumas y además eres espía, terrorista o perteneces a alguna organización secreta y notas que comienzan a manifestarse ciertos síntomas como vómitos y la caída del cabello, aumenta tu póliza de vida para que tus herederos se alegren y acude al médico.

EL CASO LITVINENKO

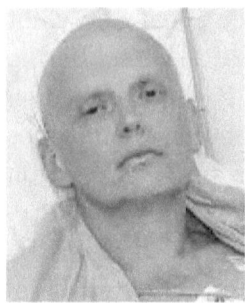

El primero de noviembre de 2006 Alexander Litvinenko se encontró con dos de sus excolegas, los espías del servicio secreto ruso Andrei Lugovoi y Dmitry Kovtun en el Hotel Millenium en Mayfair en el centro de Londres. Allí tomó té y a las tres semanas estaba muerto. Algunas horas después de ingerir la bebida empezó a sentirse mal y dos días después, el 3 de noviembre, fue internado en un hospital presentando mucho dolor y vómitos. Alegaba que había sido envenenado por sus excolegas.

Se le había caído el cabello y mostraba evidentes síntomas de envenenamiento con sustancias radiactivas, pero el detector de radiactividad, conocido como contador Geiger, mostraba resultados negativos. Litvinenko estaba muy enfermo, en estado crítico y los médicos desconocían el motivo.

Como continuaba empeorando, dos semanas después fue trasladado al University College Hospital mostrando un cuadro muy grave. El hematólogo Amit Nathwani determinó que su sistema inmune era casi inexistente y el nivel de glóbulos blancos muy bajo, lo que ameritaba un urgente trasplante de médula ósea. Mientras el diagnóstico seguía siendo una incógnita, su hígado, riñones y corazón se estaban deteriorando rápidamente.

Los médicos optaron por enviar una muestra de sangre y orina a un laboratorio especializado donde determinaron que existía contaminación con polonio-210. El polonio-210 es un emisor de partículas alfa e insignificante cantidad de radiación gamma, por lo cual, las radiaciones no habían sido detectadas por el contador Geiger que no es sensible a las radiaciones alfa.

A raíz del descubrimiento de polonio-210 en el cuerpo del paciente, los médicos sabían que no podían hacer gran cosa a su favor. El polonio-210 una vez ingerido es mortal. El veneno debió dañar el tejido epitelial del aparato digestivo, luego se acumuló en el hígado, riñones, bazo y médula ósea, donde produjo una destrucción masiva de las células. Litvinenko, fue sentenciado a muerte en el momento en que ingirió té en el Millenium Hotel.

El fallecimiento ocurrió el 23 de noviembre, 22 días después de haber sido envenenado. Si la muerte hubiera ocurrido unos días antes, el caso hubiera sido archivado como "muerte por motivos desconocidos". Pero debido a las resultados del análisis de su sangre y orina, se convirtió en un caso de asesinato siendo Andrei Lugovoi y Dmitry Kovtun los principales sospechosos que ya no se encontraban en el Reino Unido.

El hecho de que dos espías soviéticos se "pasearan" por Londres con polonio-210 encendió la alarma roja. Veinte especialistas en protección radiactiva entraron en acción.

El trabajo era enorme, había que hacer pruebas de contaminación a todas las personas que durante tres semanas habían estado en contacto con Litvinenko, Lugovoi y Kovtun: médicos, enfermeras, visitantes. También había que examinar todos los lugares en que habían estado: casas, hoteles, habitaciones en los hospitales, medios de transporte, ambulancias. Y al mismo tiempo, para evitar que se generara pánico en la población, los investigadores no podían obrar abiertamente.

Se encontró contaminación con polonio-210 en los aviones en que habían volado Andrei Lugovoi y Dmitry Kovtun, en las habitaciones en que habían estado, en los restaurantes donde habían comido, en el metro, en un estadio.

Las cámaras de seguridad mostraron que el día de la reunión en el Millenium Hotel, tanto la mesa donde estuvieron como el lavamanos del baño estaban fuertemente contaminados. La culpabilidad de los espías quedó probada al encontrar que los lugares donde había contaminación con polonio coincidían perfectamente con los sitios donde Lugovoi y Kovtun habían estado.

El director de la Fiscalía Pública manifestó que el asesinato de Litvinenko tenía un objetivo específico y seguramente estaba implicado el estado, ya que el polonio-210 sólo podía provenir de un reactor nuclear controlado por el gobierno soviético.

POTENCIAS NUCLEARES

Existen unos 9 países que han detonado exitosamente armas atómicas, cinco son firmantes del Tratado de no Proliferación de Armas Nucleares: Estados Unidos, Rusia, Gran Bretaña, Francia y China y cuatro no firmantes: India, Pakistán, Corea del Norte e Israel.

Estados Unidos y Rusia poseen los más grandes arsenales nucleares consistentes en misiles balísticos intercontinentales, bombarderos de largo alcance y misiles balísticos de lanzamiento submarino con cabeza nuclear.

Se cree que China posee cientos de ojivas, misiles de corto alcance y submarinos nucleares. Gran Bretaña y Francia han optado basar su defensa en bombarderos de corto alcance equipados con misiles aire-tierra con cabeza nuclear y submarinos lanza misiles. Israel posee misiles con cabeza nuclear y misiles crucero de alcance medio instalados en uno de sus submarinos. India dispone de bombas atómicas y aviones rusos y franceses que podrían transportarlas. Pakistán, por no tener reactores nucleares, sólo dispone de bombas fabricadas con uranio enriquecido y misiles de alcance medio. Se supone que en el sureste asiático se ha establecido una carrera por la supremacía nuclear entre China, India y Pakistán.

Corea del Norte es una nación impredecible dirigida por una dinastía familiar. Desde 2003 no forma parte del Tratado de No Proliferación. Produce plutonio, dispone de bombas atómicas y misiles con alcance de unos 6000 Km. En mayo de 2009, realizó una prueba atómica subterránea, lo que originó aumento de tensión en Extremo Oriente. Corea del Sur y Japón solicitaron al Consejo de Seguridad de las Naciones Unidas sanciones contra Pyongyang, las cuales se produjeron en junio de 2009, apoyadas por los cinco miembros del Consejo de Seguridad de las Naciones Unidas.

El 5 de enero de 2016 Corea del Norte llevó a cabo una prueba nuclear asegurando que se trataba de la detonación de una bomba de hidrógeno, hecho que muchos expertos occidentales ponen en duda. Pero si se sabe que a pesar de las represalias en su contra, actualmente ensaya con nuevos misiles. Durante la primera semana de septiembre de 2016 realizó tres lanzamiento y el 8 del mismo mes el servicio meteorológico de Corea del Sur detecto un terremoto de 5.3 grados en la escala de Richter cuyo epicentro estaba ubicado en Corea del Norte. Tanto este servicio, como el Centro Sismológico de Europa y el Servicio Geológico de Estados Unidos atribuyeron el temblor de tierra a la detonación de un arma atómica, siendo éste el quinto ensayo nuclear que realiza Corea del Norte desde 2006.

Irán, otro país impredecible, tiene una planta de enriquecimiento de uranio y un reactor nuclear. El gobierno asegura que su meta es generar energía eléctrica, pero existen graves sospechas de que el verdadero objetivo es fabricar armas atómicas.

Según lo manda el Tratado de No Proliferación, la humanidad vería con agrado un desarme nuclear. Sin embargo sus miembros, a pesar de haberlo firmado, lo han violado repetidamente. Estados Unidos, por ejemplo, lo violó cuando suministró a la India reactores y tecnología nuclear y también lo violó cuando cooperó con Israel y Pakistán.

Los estados nucleares, es decir, aquellos que según el artículo 9 del Tratado de No Proliferación han fabricado y ensayado un dispositivo nuclear antes del 1 de enero 1967, por no cumplir con las disposiciones acordadas en el tratado, son culpables de la proliferación.

La Guerra Fría ha aminorado, sin embargo el número de bombas nucleares en poder de los diferentes países no ha disminuido. La proliferación de las bombas se debe a que por razones políticas, los estados nucleares han cedido la tecnología a países considerados sus aliados.

EL MERCADO NEGRO NUCLEAR

En octubre de 2003 un carguero con destino a Libia fue interceptado y abordado por la guardia costera italiana. En sus bodegas, en contenedores etiquetados como "repuestos usados para maquinaria", encontraron herramientas y materiales suficientes para construir unas 10.000 centrífugas de gas P-2. Las centrifugas de gas P-2 fueron desarrollada en Pakistán por el ingeniero Abdul Qadeer Khan y fueron utilizadas para enriquecer uranio a la concentración requerida por las armas nucleares.

El cargamento fue decomisado y a raíz del decomiso se descubrió que el presidente de Libia, Muammar Qaddafi, se proponía fabricar bombas atómicas. También se descubrió una red clandestina dirigida por Khan destinada a la proliferación de armamento atómico.

Khan, un ídolo en Pakistán, trabajó en secreto durante décadas para desarrollar la primera bomba atómica del Islam y con ello equilibrar el poder bélico de su rival tradicional la India.

Una vez graduado en la Universidad de Karachi, continuó sus estudios en Ingeniería Metalúrgica en Alemania. Obtuvo maestría en ciencias en Holanda y doctorado en Bélgica, en la Universidad de Leuven.

En 1972, una vez culminados los estudios trabajó para el Laboratorio de Investigación Físicadinámica, FDO, una subcontratista del consorcio Urenco. Este consorcio, integrado por los gobiernos de Alemania, Holanda y el Reino Unido, tenía la finalidad de generar procedimientos para el enriquecimiento del uranio.

En 1975, tras surgir sospechas sobre su comportamiento fue transferido a otro cargo. En vista de su situación, abandonó el trabajo y regresó a Pakistán llevando consigo planos y documentos y dejando atrás muy buenos contactos. En Pakistán, apoyado por el primer ministro Zulfikar Ali Bhutto, fomentó un programa nuclear.

En 1976 fue nombrado director de la empresa ERL, Engineering Research Laboratory, dedicada a la fabricación de ultras centrífugas. En 1981, antes de lo que muchos suponían, Pakistán ya tenía capacidad para producir uranio apto para la fabricación de armas atómicas. Con el apoyo de China, la tradicional enemiga de la India, a mediados de 1998, ante el asombro del mundo, Pakistán detonó su primera bomba nuclear en las montañas de Baluchistán.

En 1980, el parlamento holandés, tras procesar información anónima supuestamente proveniente del servicio de inteligencia israelí, produjo un informe donde se concluía que FDO y Urenco adolecían de sistemas de seguridad eficientes, por lo que Khan pudo hacerse con la tecnología y planos, y aún más, seguir obteniendo información incluso después de su retiro ocurrido cinco años antes.

Uno de los contactos de Khan en Holanda fue Henk Slebos, un antiguo compañero de la universidad que trabajaba en la empresa Explosive Metal Works Holland, especializada en el tratamiento del acero. Slebos,quien suministraba a Khan las innovaciones técnicas, exportaba productos sin la licencia requerida, ocultando el contenido y el destino final de los productos.

Tras las denuncias efectuadas por el gobierno de Alemania y de Estados Unidos, Slebos fue descubierto en el aeropuerto de Schipol en Ámsterdam, cuando trataba de exportar un aparato a Pakistán vía los Emiratos Arabes Unidos. Durante el juicio admitió haber estado suministrando productos y materiales especiales a su amigo Khan.

Aunque Slebos ya contaba con antecedentes por transferir tecnología a Pakistán, sólo fue condenado a un año de prisión y a pagar una multa de 10.500 dólares por tratar de burlar las leyes de la aduana holandesa.

Por otra parte, el gobierno de Pakistán nunca permitió que Khan fuera interrogado fuera de sus fronteras. Sin embargo, en febrero de 2004 durante una entrevista en la televisión paquistaní admitió haber suministrando material y tecnología nuclear a Corea del Norte, Libia e Irán.

Si no fuera por los aportes de la red clandestina dirigida por Khan, no se podría explicar la existencia de armas nucleares en Corea del Norte, ni los adelantos en materia de enriquecimiento mostrados por Irán, país al que le vendió miles de centrífugas.

En enero de 2004 se descubrió que Khan había suministrado secretos atómicos, materiales, componentes y equipos a otros países. Para que pudiera operar de esa forma debían existir proveedores y fábricas clandestinas que lo abastecían. Dichas fábricas pudieron haber vendido materiales a muchos otros países u organizaciones, por lo que no se descarta la existencia de una enorme red ilegal de distribución.

Es asombroso observar con que facilidad se puede adquirir en el mercado negro soporte técnico, equipos y materiales para la fabricación de armas de destrucción masiva. Y es todavía más asombroso que los servicios de inteligencia occidentales no hayan evitado que una persona entrenada en Europa los haya podido comerciar libremente. Estos materiales pudieran estar en manos de dictadores inescrupulosos o de organizaciones terroristas como Al Qaeda o ISIS.

Terrorismo nuclear

Se produce terrorismo nuclear cuando se atacan instalaciones nucleares o se amenaza con utilizar materiales radiactivos en actos de terrorismo.

Las organizaciones terroristas o los gobiernos de estados forajidos[34] pueden obtener materiales radiactivos robándolo o en el mercado clandestino.

La Agencia Internacional de Energía Atómica (IAEA) reporta que se producen más de 100 robos de material radiactivo al año. Por fortuna, el objetivo de esos robos nunca fue el material radiactivo, sino el vehículo o el envase que lo contenía. Sin embargo, a finales de 2006 el MI5 alertó que Al Qaeda proyectaba utilizar armas nucleares contra ciudades del Reino Unido.

Las armas nucleares, fácilmente accesibles a organizaciones terroristas, son las *bombas sucias*. La bomba sucia está formada por un explosivo convencional y un material radiactivo cualquiera. El material radiactivo, como el cobalto-60, dispersado por la detonación contamina la zona haciéndola inhabitable, lo que dificulta los trabajos para remover la contaminación.

A pesar de que la bomba sucia no tiene la potencia de una bomba atómica, detonada en una ciudad causa pánico en la población y produce graves consecuencias económicas y ambientales. Por tal motivo, los gobiernos están muy atentos a que esto no se produzca.

---

[34]Estados forajidos son aquellos que tienen gobiernos que permiten la violación de la ley y de los derechos humanos, manipulan la administración de justicia, no rinden cuentas, son incapaces de suministrar servicios públicos aceptables, carecen de legitimidad democrática, aplican terrorismo de estado, le cuesta mantener la gobernabilidad y están infectados por la corrupción y el crimen organizado.

USOS PACÍFICOS DE LA ENERGÍA NUCLEAR

La tecnología nuclear surgió debido a la curiosidad de muchos científicos cuyo principal interés no era el reconocimiento ni la recompensa monetaria, sino el placer de saber cómo estaban hechas las cosas, de conocer la verdad. Querían develar los misterios que encierra el núcleo del átomo y a medida que lo fueron develando comprendieron que de él podía extraerse una enorme cantidad de energía. El descubrimiento era como un acto de magia, la energía podía obtenerse sin encender leña, ni carbón, ni derivados del petróleo. No provenía del Sol, ni del viento, ni del interior de la Tierra. Simplemente estaba allí, en la materia, esperando ser liberada.

Con estos descubrimientos, la ciencia aceleró su ritmo al encontrar un nuevo y fascinante filón para la investigación que revolucionaría el futuro de la humanidad y en el que se involucrarían miles de científicos.

A raíz de la crisis petrolera de la década de 1970, muchos países optaron por utilizar la energía nuclear como sustituto de los hidrocarburos. De hecho, actualmente su principal aplicación es la generación de energía eléctrica. En los países industrializados, el 20% del consumo eléctrico proviene de centrales nucleares.

La tecnología nuclear es uno de los sectores de la industria más avanzados, comparable a la industria aeronáutica y aeroespacial. Los reactores de IV generación no sólo serán utilizados para generar electricidad, sino también para producir hidrógeno y para desalinizar el agua de mar. Gran Bretaña fue el primer país que los utilizó con fines comerciales. En 1956 inició a producir electricidad y a reprocesar material nuclear en la planta Sellafield en Cumberland, una zona al noroeste de Inglaterra. Aparte la producción de electricidad, la energía nuclear tiene muchas otras aplicaciones, siendo algunas de ellas las siguientes.

PROPULSIÓN NAVAL

La energía nuclear se está utilizando para propulsar buques civiles y militares: portaaviones, cruceros, rompehielos y submarinos.

El desarrollo de reactores para la propulsión naval comenzó en 1940 y doce años después Estados Unidos ya tenía su primer reactor funcionando. En 1955 botó el USS Nautilus, el primer submarino militar propulsado por energía nuclear, lo que le permitía navegar en inmersión hasta 140.000 Km a la velocidad de crucero de 23 nudos[35] y dar vuelta varias veces a la Tierra sin salir a la superficie. En agosto de 1958 se hizo famoso por cruzar bajo el casquete polar el Océano Ártico. Fue retirado del servicio en 1980 y transformado en un navío museo visitado por unas 250.000 personas al año. Otro navío famoso fue el portaaviones *Enterprise* de la armada estadounidense, el cual está propulsado por 8 reactores de 80 Mw cada uno. Fue botado en 1960 y todavía está en servicio. En 1962 Estados Unidos ya tenía 26 submarinos operando y probablemente la Unión Soviética tenía otros tantos.

Los submarinos nucleares son armas mortíferas y poderosas, pueden navegar en cualquier lugar, nadie logra saber donde están ni nadie puede detectarlos cuando se acercan. El submarino *Trident* de Estados Unidos, por ejemplo, incorpora la tecnología llamada "del silencio" que hace que nunca ninguno de su tipo haya sido detectado.

Utilizando ultra bajas frecuencias pueden recibir órdenes en cualquier momento y a cualquier profundidad. Están equipados con instrumentos que le permiten detectar buques a 5.000 kilómetros de distancia, y por el ruido de la hélice identificar el tipo de navío. Pueden permanecer sumergidos durante varios meses, el tiempo es limitado únicamente por la cantidad de alimentos que puedan llevar. El agua para la tripulación, que es de unos 150 hombres, y el oxígeno, lo obtienen del agua de mar.

El reactor del submarino ruso tipo *Typhoon*, el más grande del mundo, casi el doble que el Trident, debe ser reabastecido cada

---

[35]Un nudo equivale a 1,852 Km/h, 23 nudos = 42,6 Km/h.

20 años y el submarino francés tipo *Rubis*, está equipado con un reactor de 48 Mw que requiere ser abastecido cada 30 años.

Los submarinos están dotados de torpedos con capacidad explosiva para hundir cualquier buque y muchos de ellos con misiles balísticos nucleares con alcance de 10.000 km y precisión de 5 metros. Ni Estados Unidos, ni la Unión Soviética han disparado misiles o torpedos el uno contra el otro. Sólo el Reino Unido, en 1982 durante la Guerra de Las Malvinas, utilizó el submarino nuclear *HMS Conqueror* para hundir el *ARA General Belgrano*.

Sin duda alguna la marina militar es la que más se ha beneficiado de la tecnología nuclear, al dotar sus submarinos de mayor autonomía, maniobrabilidad y armamentos nunca vistos antes.

Medicina nuclear

La Medicina Nuclear es la especialidad médica que utiliza radiofármacos con fines diagnósticos y/o terapéuticos. El radiofármaco, llamado también radiotrazador, es una molécula que en su estructura contiene un átomo radiactivo. Puede ser administrado al paciente por diversas vías, siendo intravenosa la más empleada.

Los radiofármacos utilizados con fines diagnósticos permiten analizar la anatomía de un órgano o sistema y su comportamiento fisiológico; en tanto que los utilizados con fines terapéuticos actúan irradiando y destruyendo células cancerosas. La terapia con yodo radiactivo, por ejemplo, es utilizada para curar el hipertiroidismo[36] y para el tratamiento del cáncer de tiroides. El yodo radiactivo que se le suministra al paciente se concentra en la glándula tiroides donde comienza a destruir sus células.

Cuando los radiofármacos se emplean para el diagnóstico, la evaluación se efectúa a partir de imágenes. Para obtener imágenes la Medicina Nuclear dispone de:

1. Gammagrafía.
2. Tomografía computada de fotón único.
3. Tomografía por emisión de positrones.

Los tres procedimientos no son invasivos y emplean radiofármacos de vida media corta. El método empleado y el radiofármaco

---

[36]Afección en la cual la glándula tiroides produce demasiada hormona tiroidea.

utilizado son específicos para evaluar los distintos procesos bioquímicos, fisiológicos y morfológicos que ocurren en el organismo en situación normal o patológica.

El radiofármaco suministrado al paciente se concentra en el tejido a explorar. Allí es detectado por un instrumento que capta las radiaciones y con los datos obtenidos construye una imagen que representa la distribución del material radiactivo en el órgano o tejido.

Gammagrafía

La gammagrafía es una imagen o una secuencia de imágenes de un órgano o un sistema utilizadas como método de diagnóstico. Se emplea para el estudio de sistemas, como el cardiovascular, digestivo, endocrino, osteoarticular, genitourinario, respiratorio, cerebral, etc. Los estudios más frecuentes son la gammagrafía ósea y la tiroidea.

La gammagrafía la produce un aparato que detecta la radiación gamma llamado la gammacámara. Con los datos obtenidos genera una imagen en dos dimensiones que representa la actividad del órgano en estudio. En la secuencia de imágenes se puede observar cómo se va acumulando, distribuyendo y eliminando el radioisótopo en el tejido y también se puede observar si la distribución es normal o presenta puntos "calientes", donde la concentración del radiofármaco es mayor que la normal, o puntos "fríos", donde es menor. El estudio de los puntos, permite determinar la zona que hay que tratar y el tipo de tratamiento.

En la gammagrafía ósea, por ejemplo, se suministra al paciente un isótopo radiactivo que se deposita preferentemente en los huesos. Posteriormente se utiliza la gammacámara para captar las radiaciones emitidas por el isótopo y con ellas se construye una imagen que representa su distribución en el tejido. Si la gammacámara se desliza a lo largo de todo el cuerpo del paciente se obtiene la imagen de todo el esqueleto. A este estudio se le llama *rastreo óseo*.

La gammagrafía ósea permite analizar el grado de actividad del hueso y observar si se crean puntos calientes o fríos, lo que puede indicar la presencia de tumores. En forma similar, la gammagrafía tiroidea utiliza el yodo radiactivo para evaluar la estructura, el funcionamiento y las posibles alteraciones morfológicas de la glándula tiroides.

TOMOGRAFÍA COMPUTADA POR EMISIÓN DE FOTÓN ÚNICO

Conocida también como SPECT[37], es una técnica que presenta las imágenes del órgano en estudio en tres dimensiones. Un detector de rayos gamma gira alrededor de paciente y con los datos obtenidos en cada vuelta genera una imagen bidimensional. Las imágenes bidimensionales son procesadas por un computador que se encarga de ensamblarlas, en forma similar a como se ensamblan las rebanadas de pan, para que formen una imagen tridimensional. En la imagen tridimensional pueden realizarse cortes tomográficos en cualquier orientación, lo que permite eliminar la sobreposición de estructuras.

TOMOGRAFÍA POR EMISIÓN DE POSITRONES

La tomografía por emisión de positrones, conocida también como PET[38], es una técnica de diagnóstico en la que se detecta y analiza la distribución de un radiofármaco captado por un órgano o una estructura. Produce una imagen con la que se puede determinar su actividad metabólica y/o detectar tumores cancerosos muy pequeños.

Dada la posibilidad de cuantificar el metabolismo tanto cardíaco como del sistema nervioso central, esta técnica es utilizada en el área de la cardiología, neurología y psicobiología. Permite, por ejemplo, detectar precozmente la enfermedad de Alzheimer o identificar las áreas infartadas en el corazón.

Si el radiofármaco fluor-18 se incorpora a la glucosa, se puede determinar mediante mapa de colores en que parte del organismo el metabolismo es mayor. La posibilidad de identificar, localizar y cuantificar el consumo de glucosa constituye un arma de diagnóstico poderosa. Los tejidos neoplásicos tienden a presentar un metabolismo glucídico elevado.

RADIOTERAPIA

La radioterapia es un tratamiento médico que utiliza las radiaciones ionizantes para irradiar las células tumorales y así frenar su crecimiento, reproducción y propagación.

Las células tumorales malignas invaden los tejidos sanos re-

---

[37]Acronimo del ingles Single-Photon Emission Computed Tomography.
[38]Acronimo del ingles Positron Emission Tomography.

emplazando las células normales. Con el tiempo penetran otros tejidos en un proceso conocido como *metástasis*.

La radioterapia interrumpe el desarrollo de los tumores y reduce su tamaño. Puede administrarse como tratamiento único o como complemento de la cirugía y/o la quimioterapia. Se comprueba que más de la mitad de las personas que requieren tratamiento oncológico reciben radioterapia.

La radioterapia es externa cuando un aparato fuera del cuerpo dirige las radiaciones hacia las células tumorales y es interna cuando cápsulas de elementos radiactivos se introducen dentro del cuerpo en la cercanía de las células cancerosas o dentro del tumor mismo.

Datación radiométrica

La datación radiométrica, es una técnica empleada para determinar la edad de materiales geológicos mediante el análisis de la desintegración de los isótopos radiactivos que los mismos materiales contienen. Permite determinar hace cuántos miles de años ese hombre, ese animal o ese vegetal dejó de existir, o cuántos miles de millones de años transcurrieron desde que se formó ese yacimiento, esa roca, o cuál es la edad de la Tierra y del sistema solar.

La ley del decaimiento radiactivo proporciona el medio para determinar la edad de los fósiles, ya sean éstos piezas arqueológicas, materia orgánica o rocas. Para poderlos datar, es indispensable conocer cuál fue la concentración inicial del isótopo radiactivo en el fósil y cuál es la concentración actual del isótopo hijo. Con estos datos y conociendo la vida media un simple cálculo permite determinar el tiempo transcurrido.

La datación basada en el decaimiento radiactivo del carbono-14 es utilizada para fechar restos orgánicos de hasta unos 45.000 años. En cambio, la datación basada en el decaimiento del uranio-238, el potasio-40 o el rubidio-87 es utilizada para datar piezas de miles de millones de años de antigüedad.

Datación con carbono-14

El carbono tiene tres isótopos naturales, el carbono-12 y el carbono-13 son estables, en tanto que el carbono-14, con una concentración de sólo 1,3 átomos por billón, es radiactivo. El carbono-14, cuya vida media de 5.730 años, es utilizado para datar restos orgánicos relativamente recientes.

Si no fuera porqué el carbono-14 se está formando continuamente en la atmósfera, debió haber desaparecido de la Tierra hace mucho tiempo. No ha desaparecido debido a que en la medida en que sus átomos se desintegran otros se van formando. Así se alcanza un equilibrio entre la tasa de producción y la tasa de desintegración, de forma que la concentración en la atmósfera ha permanecido constante a través de los milenios.

El carbono-14 se produce por efecto de la radiación cósmica sobre el nitrógeno de la atmósfera superior, preferentemente entre los 10 y 15 kilómetros de altura. El nitrógeno al capturar un neutrón transmuta en carbono-14 y el carbono al combinarse con el oxígeno forma dióxido de carbono. Las plantas, en el proceso de fotosíntesis incorporan el carbono radiactivo en sus tejidos en la misma proporción en que se encuentra en la atmósfera y los animales, al ingerir las plantas conservan en su cuerpo la misma proporción. Cuando la planta o el animal mueren dejan de absorberlo y la concentración en su cuerpo comienza a decaer.

Experimentalmente se comprueba que por cada gramo de tejido vivo se producen 16 desintegraciones del carbono-14 por minuto. Después de transcurridos 5.730 años sólo se producirán 8 desintegraciones por minuto, después de 11.460 años se producirán 4 desintegraciones por minuto, etc.

Con este método, se puede determinar con bastante precisión la edad de cualquier material orgánico, ya sean restos animales o vegetales, por ejemplo, casas de madera, trozos de carbón de una fogata, rollos de pergamino, ropa, papel o tejidos, cuya edad sea inferiores a los 45.000 años.

La datación por medio del carbono-14 fue desarrollada en la Universidad de Chicago en 1949 por el químico estadounidense Willard Libby, lo que le valió para que fuera galardonado con el Premio Nobel de Química en 1960.

DATACIÓN DE LAS ROCAS

La edad de las rocas va mucho más allá de los 45.000 años, por lo cual la datación por carbono-14 no es adecuada. Los geólogos se valen de elementos radiactivos con vida media de miles de millones de años para determinar la edad de las rocas y de los fósiles que pudieran estar dentro de ellas.

En las rocas se encuentra la historia de la Tierra. En ellas han quedado grabados los acontecimientos geológicos que han ocurrido a lo largo de su existencia. Todos los suelos y todas las rocas contienen pequeñas cantidades de elementos radiactivos, sin embargo los isótopos que pueden ser utilizados para determinar su edad geológica son muy pocos, sólo algunos poseen vida media muy larga. Entre los más empleados está el uranio-238 con vida media de 4.470 millones de años, el potasio-40 con vida media de 1.248 millones de años y el rubidio-87, con vida media de 47.500 millones de años.

Datación uranio–plomo

La datación uranio–plomo (U–Pb) fue una de las primeras técnicas de datación radiométrica y una de las más precisas. El uranio-238 es el elemento inicial que da lugar a una serie radiactiva que tiene como elemento final el plomo-206. El método se basa en cuantificar la relación que existe entre el uranio-238 y el plomo-206 que hay en las rocas, asumiendo que todo el plomo-206 presente es producto de la desintegración del uranio.

Utilizando esta técnica, se determinó que la edad de la Tierra es de unos 4.600 millones de años, fecha que concuerda con los resultados obtenidos por otros métodos como el de potasio-argón, rubidio-estroncio y por el fechado de meteoritos.

El geólogo británico Arthur Holmes (1890-1965) fue pionero en el uso de la datación radiométrica. Siendo todavía un estudiante hizo la primera datación exacta de una roca, asignándole la edad de 370 millones de años. En 1913 publicó su famoso libro *The age of Earth*[39], donde defiende las técnicas de datación radiométrica frente a otros métodos basados en la estratigrafía o en el proceso del enfriamiento terrestre. El procedimiento que utilizó se conoce actualmente como *método Holmes-Houtermans*, en referencia a Fritz Houtermans, quien publicó un trabajo similar el mismo año.

Hace algunas décadas se descubrió en Canadá una formación rocosa cuya edad es 3.960 millones de años. Posteriormente, utilizando el mismo método, se dataron en 4.200 millones de años ciertas formaciones rocosas australianas y se determinó que el Macizo Guayanés, una cobertura de dos millones de kilómetros cuadrados situado al norte de Suramérica, sufrió plegamientos y

---

[39]La edad de la Tierra en español.

levantamientos desde el mismo momento de la formación de la Tierra.

Con el mismo método se lograron datar rocas lunares y meteoritos. Durante la misión Apolo de los Estados Unidos, se recolectaron 382 kilogramos de rocas lunares y del programa Lunik de la Unión Soviética se recogieron 326 kilogramos. Mediante la datación radiométrica se determinó que las muestras datan entre 3.200 y 4.600 millones de años.

DATACIÓN POTASIO–ARGÓN

El método de datación potasio-argón (K–Ar) es muy utilizado debido a que el potasio es un mineral abundante en la corteza terrestre y el argón, por ser un gas inerte, no reacciona químicamente con el material que lo rodea. La vida media del potasio-40 es de 1.240 millones de años, no genera serie radiactiva alguna y transmuta directamente en argón-40

El método K–Ar se utiliza para datar cenizas y rocas volcánicas. Cuando el magma se enfría, el argón que se va produciendo queda atrapado en la roca y a medida que pasa el tiempo aumenta su proporción respecto al potasio. Si se mide la relación argón potasio, se puede determinar la fecha en que se produjo la erupción volcánica. El argón se escapa de la roca cada vez que esta se vuelve a fundir, por lo que la datación indica el tiempo transcurrido desde la última solidificación.

El método K–Ar es útil para datar muestras que se solidificaron desde la creación del sistema solar, hace unos 5000 millones de años, hasta unos 100 mil años, por lo cual es un método apropiado para determinar fechas en la evolución humana.

Se utilizó para analizar las cenizas halladas en los yacimientos de Olduvai. El análisis reveló que allí hubo presencia de homínidos hace dos millones de años. También se dataron las célebres huellas fosilizadas de Laetoli en Tanzania, dejadas sobre cenizas volcánicas hace 3,7 millones de años por tres homínidos.

Las huellas confirman que la marcha bípeda, como forma de desplazamiento de los homínidos, pudo ocurrir hace cuatro millones de años. El yacimiento de Laetoli, que además contiene pisadas de animales y utensilios artificiales, se encuentra a 45 km. de la garganta de Olduvai.

DATACIÓN RUBIDIO–ESTRONCIO

El rubidio-87 es un isótopo radiactivo cuya vida media es de 47.500 millones de años, no genera serie radiactiva alguna y transmuta directamente en estroncio-87. La datación con este elemento es utilizada para determinar la edad de cualquier tipo de roca, mineral o meteorito y para convalidar las fechas calculadas por otros procedimientos.

El método se basa en evaluar la cantidad del isótopo estable estroncio-87 que se ha formado a consecuencia de la desintegración beta del rubidio-87. La técnica fue desarrollada por los químicos alemanes Otto Hahn y Fritz Strassmann, los mismos que descubrieron la fisión nuclear en 1938.

LA EDAD DE LA TIERRA Y LA GUERRA AL PLOMO

Es muy difícil determinar la edad exacta de las rocas más antiguas, ya que es muy probable que sean agregados de minerales de distintas épocas. Por tal motivo el geoquímico estadounidense Clair Patterson (1922-1995), decidió utilizar un fragmento de meteorito caído en Arizona hace 50.000 años que supuso se había formado con el sistema solar. Midiendo en él la proporción uranio-plomo, llegó a la conclusión que la edad del sistema solar y de la Tierra era de 4.550 millones de años.

Mientras trataba de determinar la cantidad de plomo en las rocas, descubrió que los niveles de plomo en la biosfera habían aumentado mil veces en las últimas décadas. No fue difícil encontrar la causa: el aumento se debía a que este metal se estaba utilizando como aditivo antidetonante en forma de tetraetilo de plomo para aumentar el octanaje de la gasolina.

En 1920 Thomas Midgley (1889–1944), un ingeniero mecánico de la General Motors, había descubierto que el plomo era un antidetonante económico y efectivo. Su adición a billones de litros liberó en la atmósfera enormes cantidades de plomo, con lo que se puso en riesgo, quizás de forma inconsciente, la salud de toda la humanidad.

Midgley mantenía en secreto que sufría envenenamiento con plomo, pero a pesar de su enfermedad obtuvo unas 170 patentes entre las que se encontraban los clorofluorocarbonos o CFC, gases utilizados en refrigeradores y en las bombas de calor. A los 51 años contrajo poliomielitis, enfermedad que lo dejó severamente incapacitado. Diseñó un sistema de cuerdas y poleas que le permitía salir de la cama, pero accidentalmente se enredó con las sogas y murió estrangulado.

El plomo, al ser quemado en los motores de combustión interna, genera sales altamente contaminantes que se acumulan tanto en organismos individuales como en las cadenas alimenticias. La intoxicación con este metal pesado o saturnismo[40] produce alteraciones gastrointestinales, hematológicas, renales y daños neurológicos irreversibles.

En 1963, las investigaciones de Clair Patterson lo llevaron a publicar un artículo que ponía en evidencia la toxicidad del aditivo. El artículo causó alarma entre las poderosas compañías petroleras que no tardaron en presionarlo para que cambiara su línea de investigación. Por rehusar hacerlo, tuvo que enfrentarlas durante 25 años. Le suspendieron el financiamiento, presionaron la Universidad de Pasadena para que fuera despedido e influenciaron en el Servicio de Salud de Estados Unidos para que desestimaran su trabajo.

Fueron muchos años de lucha con el sector petrolero, hasta que finalmente en 1973 la Agencia de Protección del Medio Ambiente de Estados Unidos decidió a su favor. Para 1986 la gasolina debía estar libre de plomo. Gracias a Patterson, que al tratar de determinar la edad de las rocas utilizando el método U-Pb descubrió la gran contaminación con plomo que se estaba produciendo y gracias a que tuvo el valor de enfrentar a los más poderosos intereses, es que hoy podamos vivir en un ambiente un poco más limpio.

GENERADOR TERMOELÉCTRICO DE RADIOISÓTOPOS

El generador termoeléctrico de radioisótopos o RTG[41] se emplea para suministrar energía por largo tiempo a sistemas de poco consumo. Utiliza el calor liberado por la desintegración radiactiva para calentar una serie de termopares que convierten el calor en energía eléctrica.

Fue desarrollado en Estados Unidos a finales de 1950 y se ha utilizado en instalaciones de difícil acceso como satélites y sondas espaciales cuya trayectoria se aleja tanto del Sol que el uso de

---

[40]Saturno, era el nombre que la daban los alquimistas al plomo y de allí deriva el nombre de la enfermedad causada por intoxicación con ese metal

[41]Acronimo del ingles Radioisotope Thermoelectric Generator.

paneles solares no es posible.

El primer RTG fue lanzado al espacio en 1961 a bordo del satélite de la marina de Estados Unidos Transit 4. Otro fue instalado en 1966 en la Roca Fairway, un pequeño islote en Alaska ubicado en la cercanía del estrecho de Bering.

Los isótopos que se emplean como combustibles generalmente son emisores alfa. Esta partícula, aparte de ser muy energética, tiene poco poder de penetración, por lo que requiere muy poco blindaje. La vida media del elemento radiactivo debe ser suficiente para generar calor durante toda la vida del satélite, o por lo menos durante varias décadas.

Los elementos radiactivos que se utilizan con este propósito deben tener una densidad energética alta. La densidad energética expresa la cantidad de energía por unidad de volumen que entrega un isótopo dado. Un isótopo que reúne esta característica es el plutonio-238, que tiene vida media de 88 años y sólo requiere un blindaje de 2,5 milímetros de plomo. Un solo gramo de este elemento genera unos 0,5 vatios de energía térmica.

Otro emisor alfa de alta densidad energética y vida media de 138 días utilizado en satélites artificiales y sondas lunares, es el polonio-210. Un solo gramo de este metaloide genera 130 vatios de energía térmica.

El vehículo de la NASA enviado a Marte tenía instalado un RTG que, aparte de suministrarle energía eléctrica, calentaba sus articulaciones para que no se congelaran.

Muchos de los RTG terrestre instalados en faros en la región ártica utilizan un isótopo más económico, el estroncio-90, un emisor beta de densidad energética mucho menor y vida media de 28,78 años.

Produce una inmensa tristeza pensar que la naturaleza
habla mientras el género humano no la escucha.

Victor Hugo

CONTAMINACIÓN RADIOACTIVA

El uso y manipulación de materiales radiactivos inevitablemente produce contaminación. La contaminación se manifiesta por la presencia no deseada de sustancias radioactivas a niveles más elevados de los que pueden encontrarse en la naturaleza.

Las principales fuentes de contaminación son las explosiones atómicas, la producción de combustible nuclear, los accidentes en centrales nucleares, los tratamientos médicos con radioisótopos y la contaminación que pudiera ocurrir accidentalmente en la industria y en los centros de investigación. Con las emisiones actuales, los radioisótopos contaminantes más abundantes son los del estroncio, yodo, uranio, radio, cesio, plutonio y cobalto.

Las pruebas nucleares más perjudiciales son las que se realizan en la atmósfera, donde se liberan materiales radiactivos que el viento y la lluvia diseminan por toda la Tierra, contaminando el aire, los suelos y las aguas de los ríos, lagos y mares. Los elementos liberados en estas pruebas contaminan las cadenas alimenticias, ya que son absorbidos por las plantas consumidas por los animales y el hombre. Por ejemplo, los productos alimenticios que más se contaminan con estroncio-90 son los cereales, los vegetales de hoja y la leche y sus derivados. Al igual que el calcio, el estroncio al ser absorbido por el cuerpo se acumula en los huesos sin provocar muchos efectos negativos. Pero el estroncio-90, por ser radiactivo, los irradia provocando algunos desordenes, incluyendo el cáncer.

En los accidentes en centrales nucleares, como los ocurridos en Fukushima y Chernobyl, se liberan enormes cantidades de contaminantes radiactivos que se diseminan por toda la tierra, pero su mayor concentración se localiza en el sitio donde se produjo el accidente. También se produce contaminación radiactiva al suministrar radiofármacos a pacientes de Medicina Nuclear. Allí, se producen desechos como material de laboratorio, jeringas, guantes, excretas y aguas residuales. La contaminación por este concepto es puntual y mucho menor, ya que los isótopos utilizados son de baja energía y de vida media corta.

Las personas se pueden contaminar al estar en contacto o aspirar algún material radiactivo y al ingerir alimentos contaminados o agua que tenga algún material radiactivo disuelto en ella. Cuando se utilizan radioisótopos para tratamiento médico, no se suele decir que el paciente se ha contaminado. Sin embargo, las personas sometidas estos procedimientos podrían ser confinadas temporalmente. El confinamiento termina cuando el decaimiento del radioisótopo y las excreciones hagan que el nivel de radiactividad en su cuerpo disminuya a valores tolerables. En algunos casos la ropa, las jeringas, el material de laboratorio, las aguas residuales y las excretas de pacientes son tratadas como residuos nucleares.

Un alto porcentaje de las personas expuestas a alta dosis de radiaciones, como la población de Hiroshima, Nakasaki o Chernobyl, pueden sufrir trastornos gastrointestinales, debilitamiento del sistema inmunitario, anemia por la afectación de la médula ósea que puede inducir a la leucemia u otro tipo de cáncer y trastornos genéticos que pueden afectar la descendencia. En la actualidad, a menos que por motivos profesionales se esté expuesto a las radiaciones, la contaminación radiactiva no representa un riesgo muy alto para el hombre. Los organismos internacionales, como la Comisión Internacional de Protección contra las Radiaciones y la Organización Mundial de la Salud, ejercen un control estricto para que los contaminantes radiactivos en la biosfera no excedan el nivel máximo permitido.

RESIDUOS RADIOACTIVOS

A lo largo de lo que se denomina *ciclo del combustible nuclear*, que comprende todas las operaciones relacionadas con el combustible para reactores, desde la extracción del mineral de uranio hasta la gestión del combustible gastado, se generan residuos radiactivos. Los residuos radiactivos pueden ser de baja, media o alta actividad, siendo los de alta actividad los de menor volumen.

La fisión del uranio-235 y del plutonio-239 genera cerca de 300 isótopos diferentes de unos 90 elementos químicos. Gran parte de ellos suelen ser de vida media corta y se transforman rápidamente en elementos estables, otros, como el cesio-137 o el estroncio-90, tienen vida media de unos 30 años. Además, se crea una pequeña cantidad de radioisótopos del grupo de actínidos de difícil manejo y de vida media de miles de años.

Las cantidades de residuos radiactivos que se acumulan en el combustible son realmente pequeñas, del orden de algunos gramos por Mwt[42] por año, pero algunos de ellos son muy volátiles y difíciles de retener.

Gran parte de los desechos radiactivos se producen como consecuencia del desmantelamiento de las centrales o al sustituir el combustible nuclear de los reactores destinados a la producción de electricidad, cuya vida útil es de unos tres años. Sólo en Estados Unidos los desechos radiactivos alcanzan las 2.000 toneladas al año.

Cuando se apaga un reactor para reemplazar el combustible, la reacción en cadena termina, pero el decaimiento radiactivo del material del núcleo sigue produciendo un 7% del calor que se generaba cuando estaba encendido. Después de una semana esta cifra se reduce a un 0,2% y continúa disminuyendo a medida que pasa el tiempo.

Con el propósito de "enfriarlo" y recuperar el uranio y el plutonio, el combustible nuclear gastado es usualmente almacenado durante un año en piscinas. Para mantener el agua a temperatura inferior a la de ebullición, el agua caliente es impulsada por bombas a través de intercambiadores de calor. Generalmente, las piscinas están situadas dentro de las instalaciones de las centrales nucleares. En Estados Unidos, por ejemplo, existen unas cien piscinas de este tipo.

Uno de los problemas que se presentó el 11 de marzo de 2011 en Fukushima, Japón, se debió precisamente a que el nivel de agua de las piscinas de enfriamiento bajó, el combustible gastado se recalentó y liberó a la atmósfera gran cantidad de material radiactivo. El material se extendió por cientos de kilómetros contaminando suelos y aguas. Pasó a la cadena alimenticia quedando afectadas miles de personas que originalmente estuvieron alejadas de las emanaciones radiactivas.

---

[42]Megavatio térmico.

Para disminuir el costo de almacenamiento del combustible gastado, algunos países lo reciclan y utilizan en sus reactores el combustible MOX (Mixed Oxides), que es una mezcla de uranio natural, plutonio y uranio reprocesado, llamado también uranio empobrecido.

A escala mundial, la recuperación del uranio y del plutonio aporta un ahorro del 12% en el consumo del uranio natural. Sin embargo, como el precio del uranio no es muy elevado, algunos países optan por aislar y confinar los residuos muy activos en recipientes herméticos e indestructibles. Estos recipientes, aparte de bloquear las radiaciones, deben resistir el fuego, la colisión, los terremotos y la corrosión.

Una de las opciones es almacenarlos en forma definitiva en la profundidad de cuevas o minas abandonadas excavadas en formaciones geológicas estables. Otra opción, que ha ocasionado gran controversia, es sumergir los recipientes en las profundidades de las fosas oceánicas.

Los residuos nucleares de actividad media se solidifican con alquitrán, resinas u hormigón y se depositan en bidones de acero que se trasladan a centros de almacenamiento situados en lugares apartados.

De los desechos, el 95% es uranio, el 1% plutonio y el 4% restante son actínidos de alta toxicidad, algunos de vida media muy larga y muy difíciles de eliminar. Actualmente, se está desarrollando una tecnología para que los radioisótopos de vida larga y alta toxicidad transmuten en otros no radiactivos o de vida media corta.

La gestión apropiada de los residuos nucleares busca proteger los seres humanos y el medio ambiente. Sin embargo, después de varias décadas, aún no se ha encontrado la forma de eliminarlos o almacenarlos en forma permanente y segura.

Los residuos provenientes de las centrales nucleares difieren de los residuos generados en las centrales que utilizan combustibles fósiles. En las centrales nucleares los residuos son de algunos kilogramos diarios y están confinados mayoritariamente en el núcleo del reactor, en tanto que en las centrales de combustible fósil se producen cientos de toneladas de residuos de la combustión que se arrojan diariamente a la atmósfera.

ACCIDENTES NUCLEARES

En los accidentes nucleares se produce la fuga de algún material radiactivo que al diseminarse afecta la salud pública. Los accidentes nucleares pueden ocurrir en centrales nucleares y/o en lugares donde se manipule material radiactivo como laboratorios u hospitales. También se considera un accidente nuclear la pérdida o el robo de estos elementos.

La gravedad de los accidentes se determina de acuerdo a una medida internacional que va del 1 al 7, conocida como Escala INES[43], siendo el grado 7 el accidente de mayor magnitud. La escala es logarítmica, similar a la de los terremotos, donde el salto a un nivel superior indica que el accidente es diez veces más grave.

Los accidentes nucleares de mayores proporciones han ocurrido en centrales nucleares de Brasil, Canadá, Estados Unidos, Francia, Japón, Reino Unido, Rusia y Ucrania. Para evitar sanciones, los gobiernos y las empresas propietarias de las centrales tratan de ocultar el alcance del accidente, su extensión y las repercusiones sobre el medio ambiente.

Los accidentes más graves fueron los siguientes:

THREE MILE ISLAND, EEUU

Three Mile Island es una isla del río Susquehanna cerca de Harrisburg, Pensilvania, Estados Unidos. Después de un año de funcionamiento, el 28 de marzo de 1979 en el reactor 2 se produjo una fuga de material radiactivo. El agua de refrigeración contaminada inundó el tanque de contención que rodeaba el reactor, contaminó el río y contaminó la atmósfera con gases radiactivos de xenón y criptón.

Aunque los efectos de la radiactividad fueron leves, estuvieron expuestas unas treinta mil personas que vivían dentro de un radio de ocho kilómetros. Seis años más tarde, cuando se tuvo acceso al recinto una cámara reveló que se había fundido parte del núcleo del reactor.

Este accidente, clasificado de grado 5 en la Escala INES, sirvió para mejorar la seguridad de las centrales nucleares y para perfeccionar el programa de adiestramiento del personal de planta.

---

[43]Acrónimo del ingles International Nuclear Event Scale.

CHERNOBYL, UCRANIA

El 26 de abril de 1986 en la Central Nuclear Vladimir Ilich Lenin, situada a unos 20 kilómetros de ciudad de Chernobyl, actual Ucrania, se produjo el accidente nuclear más grave de la historia, catalogado de grado 7 en la Escala INES.

La central, que para la época era la más grande del mundo, tenía cuatro reactores de 1.000 Mw cada uno. Durante un simulacro, el mal manejo del reactor 4 produjo el sobrecalentamiento del núcleo y una explosión. Los materiales tóxicos y radiactivos que se expulsaron fueron unas 400 veces mayores que los generados por la bomba de Hiroshima. Murieron 31 personas, se evacuaron 120.000 y se estableció un área de exclusión de 30 kilómetros a la redonda.

Cinco millones de personas vivieron en áreas contaminadas y 400 mil en áreas muy contaminadas. En los trabajos de descontaminación participaron 600 mil personas sometidas a diferentes grados de radiación de las cuales unas 200 mil recibieron grandes dosis. El nivel de radiactividad aumentó en Europa Occidental y Central causando alarma internacional.

El reactor ardía y seguiría haciéndolo durante varios meses enviando a la atmósfera enormes cantidades de material radiactivo cada segundo. Expertos rusos sobrevolando la central en helicópteros militares reportaron que el techo del reactor 4 había colapsado y podían ver el brillo azul proveniente de su núcleo.

Al contrario de los reactores de occidente, los reactores rusos no poseían ningún tipo de confinamiento del circuito primario y el edificio de contención no tenía la capacidad para retener los productos tóxicos y de fisión que se pudieran producir como consecuencia de un accidente.

A principios de mayo, después que la principal emergencia había pasado, surgió una segunda dificultad que amenazaba con ser mucho mas catastrófica que la primera. El reactor se estaba hundiendo. El núcleo de 150 toneladas que aún se estaba derritiendo, amenazaba con caer en los sótanos que estaban llenos de agua.

Según los físicos soviéticos, si eso hubiera ocurrido el vapor de agua hubiera provocado una segunda explosión unas 10.000 mayor que la bomba de Hiroshima. La explosión hubiera destruido toda la central y vaporizado el combustible de los tres reactores restantes. Se estimaba que la catástrofe hubiera sido de tal magnitud que hubiera destruido la capital de Ucrania Kiev, situada a 120 kilómetros de distancia contaminado las aguas que consumían 30 millones de personas y dejado a Europa inhabitable.

Para evitar la explosión era urgente vaciar los sótanos repletos de agua muy contaminada, para lo cual había que alcanzar las válvulas de escape sumergidas en el fondo.

A pesar de que se trataba de una misión suicida, tres hombres se ofrecieron como voluntarios. Los tres hombres, a los que se conoce como Escuadra Suicida de Chernobyl[44], fueron Alexei Ananenko, Valeri Bezpoalov y Boris Baronov, tres nombres que nunca deberíamos olvidar.

Utilizando trajes de neopropeno y equipo de buceo se sumergieron en el agua. Poco después la única linterna que tenía Boris se apagó, quedando los tres en completa oscuridad, pero aun así lograron localizar las válvulas y dar salida a veinte mil toneladas de agua.

Cuando salieron de la piscina ya estaban sufriendo los efectos de las radiaciones. Valeri y Alexei murieron dos semanas más tarde en un hospital de Moscú y Boris unos días después. Debido a su alto nivel de contaminación, sus cuerpos fueron enterrados en ataúdes soldados y forrados en plomo.

Sin ningún género de duda su valiente acción salvó a cientos de miles de vidas en toda Europa cuya población ni siquiera llegó a sospechar lo que había ocurrido.

En esa central, para aislar las instalaciones que albergan el reactor se está construyendo un domo gigantesco. El objetivo es retener y aislar el material radiactivo que aún se encuentrá allí y proteger el medio ambiente. Como en la zona del reactor la radiación es aún muy intensa, el domo se construye en un lugar cercano para luego, una vez terminado, colocarlo en su lugar y sellarlo.

El domó será la mayor estructura móvil que se haya fabricado. Tiene una superficie capaz de contener dos Boeing 747, una altura similar a la Catedral de San Paul de Londres y pesa 31.000 toneladas.

---

[44] *Chernobyl Suicide Squad.*

FUKUSHIMA, JAPÓN

El 11 de marzo de 2011 en la central nuclear de Fukushima, Japón, una de las más grandes del mundo, formada por seis reactores capaces de suministrar 4.700 Mw se produjo un accidente catalogado grado 7 en la Escala INES. El accidente, el segundo más grave después de Chernobyl, fue causado por un poderoso tsunami originado por un terremoto de 8,9 grados en la escala de Richter que se produjo en la costa noreste de Japón.

Cuando se ocurrió el terremoto, los sistemas de seguridad de los reactores 1,2 y 3, que en ese momento estaban en funcionamiento los apagaron. Pero debido al movimiento sísmico, el suministro de electricidad a la central se interrumpió y los motores eléctricos que operaban las bombas del sistema de enfriamiento de los núcleos de los reactores se detuvieron. Ante esta eventualidad, los motores de emergencia Diesel arrancaron y activaron los generadores de electricidad, pero pronto también se detuvieron al ser alcanzados por las aguas del tsunami.

Debido a la falta de refrigeración, los núcleos de los reactores 1,2 y 3 se fundieron total o parcialmente, lo cual causó explosiones en los edificios que los contenían. Se dañó el tanque de contención del reactor 2 y las barras de combustible gastado almacenadas en una piscina se sobrecalentaron.

Ante la posibilidad de producirse filtraciones, que efectivamente se produjeron, se evacuó la población en un radio de 40 kilómetros.

A pesar de que la central nuclear estaba protegida contra tsunami con un muro de contención de seis metros de altura, las olas en esa zona lo sobrepasaron y devastaron cientos de kilómetros de costa. Sólo en Japón hubo 18.000 víctimas entre muertos y desaparecidos. Se estima que la energía liberada por el terremoto fue equivalente a la de 10.000 bombas de Hiroshima.

EL SUBMARINO K-141 KURSK

También puede catalogarse de accidente grave lo ocurrido al submarino de la flota rusa K-141 Kursk, propulsado por energía nuclear y equipado con misiles crucero.

El K-141 Kursk, era uno de los submarinos de ataque más grandes del mundo, tenía 155 metros de eslora y una altura equivalente a un edificio de cuatro pisos. Estaba protegido por un doble casco, el externo de acero al cromo-níquel, un excelente material resistente a la corrosión. A pesar de ser catalogado como un "submarino insumergible", se hundió en el Mar de Barents y la totalidad de sus tripulantes fallecieron.

Como parte de un ejercicio, el 12 de agosto de 2000 la tripulación se disponía a disparar dos torpedos. Durante la operación, parte del propelente se derramó causando una explosión química que llenó el navío de humo y llamas. Se estima que la potencia de la explosión fue equivalente a 150 kilogramos de TNT, lo que originó que la red sismológica de la región registrara una onda sísmica de magnitud 2,2 en la escala de Richter. Tras el estallido, el navío se hundió y se posó en el fondo marino a la profundidad de 108 metros.

Una segunda explosión, aun mayor que la primera, se produjo 135 segundos después. Fue equivalente al estallido de unas seis toneladas de TNT, lo que causó una onda sísmica de magnitud 3,5 en la escala de Richter. El estallido abrió un boquete de dos metros cuadrados en el casco del navío. El agua entró a razón de 90 metros cúbicos por segundo causando la muerte gran parte de la tripulación.

Los reactores del K-141, que se encontraban en un compartimiento estanco encapsulados dentro de una estructura de acero de 13 centímetros de espesor, tras la segunda explosión se apagaron.

El submarino disponía de una boya que se soltaba automáticamente cuando se presentaba una situación de emergencia. Era utilizada para indicar a los equipos de rescate de superficie la ubicación exacta del navío. Sin embargo, en esa oportunidad no se soltó. Para evitar delatar su posición a una flota norteamericana que se encontraba en la zona, había sido desactivada.

Los rusos trataron de mantener la tragedia del K-141 en secreto e intentaron rescatar, sin éxito, a la tripulación. Dieciséis días despues, para intentar liberar a los posibles sobrevivientes, la armada rusa solicitó ayuda internacional. Dos gabarras, una inglesa y otra noruega, llegaron al sitio. Pronto comprobaron que todos los tripulantes habían fallecido.

Investigaciones posteriores establecieron que la mayoría de los fallecimientos habían ocurrido minutos después de la explosión. Los que lograron sobrevivir algunas horas fueron los que se refugiaron en la popa del navío.

En octubre de 2001, una empresa holandesa reflotó el submarino, sus reactores fueron llevados a tierra y se recuperaron 115 del los 118 cuerpos. Se consiguieron tres mensajes de tripulantes que habían logrado sobrevivir unas seis horas después del accidente. Uno decía:

Hay 23 personas aquí. Ninguno de nosotros puede subir a la superficie.

Para recordar la triste tragedia y para honrar a la tripulación se erigieron dos monumentos, uno en Moscú y otro en la base naval de submarinos nucleares Vidyayevo en Rusia.

LAS CHICAS DEL RADIO

Para hacer visibles en la oscuridad las agujas y los números de los relojes, en 1917 la United States Radium Corporation de Orange, Nueva Jersey, utilizó una pintura que contenía radio. El radio es un millón de veces más radiactivo que el uranio y debido a las radiaciones que emite es luminiscente.

Desconociendo el peligro a que estaban expuestas, por un centavo y medio de dólar por pieza, miles de empleadas pasaron por la fábrica para recubrir las pequeñas superficies con diminutos pinceles a los que afilaban con sus labios. Pronto descubrieron lo divertido que era pintarse las uñas y los dientes, empolvarse el pelo y llevar a casa algo de pintura para sorprender a sus amigos con la luminiscencia que emanaba en la oscuridad.

Con el tiempo muchas de ellas se enfermaron, le sangraban las encías, se le caían los dientes, mostraban síntomas de anemia, sufrían terribles dolores en la mandíbula y comenzaron a desarrollar osteosarcoma, un tipo de cáncer óseo.

Cinco de las sobrevivientes lograron movilizar la opinión pública y lleva a juicio a los responsables de la tragedia. Como consecuencia, en el Congreso de Estados Unidos se sentó jurisprudencia en lo referente a los primeros reglamentos donde se establecieron los derechos de los trabajadores que contraen enfermedades laborales.

Actualmente, en lugar de emplear pinturas luminiscentes a base de radio, se utilizan fosfatos con pigmentos que capturan la luz.

EL ENGAÑO DEL RADITHOR

A principios del siglo XX todo lo que tuviera radio estaba de moda, era algo fascinante, brillaba en la oscuridad, tenía efectos terapéuticos, curaba todos los males. Se podía comprar pasta dental que contenía radio, cremas de belleza, barras de chocolate, jabón, tapones para los oídos, jarabes, mantas radiactivas para la artritis y pendientes para el reumatismo.

Hacia 1913, el suministro de bajas dosis de radio se había generalizado para el tratamiento de la anemia, epilepsia, esclerosis múltiple, gota, sífilis y otras enfermedades. Era utilizado también para curar la presión arterial, el bocio, los calambres, problemas femeninos y estreñimiento. El Dr. C. Davis escribió en el American Journal of Clinical Medicine:

> *La radiactividad evita la locura, despierta emociones nobles, retarda la vejez y crea una espléndida vida juvenil.*

En Estados Unidos las curas por medio de radio aumentaron rápidamente, alcanzando la cumbre en la década de 1920.

En Europa, para la cura de distintas enfermedades los médicos también empezaron a experimentar con el radio. La llamada *terapia Curie* fue utilizada para el tratamiento del cáncer, especialmente en áreas faciales y genitales donde la cirugía dejaba marcas indelebles.

También aparecieron tratamientos que utilizaban "aguas medicinales vigorizantes" que contenían elementos radiactivos. Una empresa suministraba el *Radiendocrinato*, una cápsula de oro que contenía la considerable cantidad de 250 microcuríes de radio. Durante la noche, la cápsula se colocaba cerca de las glándulas endocrinas y los hombres la podían situar cerca del escroto. Otra compañía vendía una jarra de cinco galones de "agua natural de radón" que se colocaba en el enfriador de agua en las oficinas.

El *Revigator*, era un envase forrado con mineral radiactivo que durante la noche irradiaba el agua y le impartía propiedades curativas. Fue patentado en 1912 por una compañía que llegó a vender miles de unidades

También aparecieron empresas fraudulentas, las que vendían productos que no contenían radiactividad alguna. Los productos de estas empresas, por no contener las dosis de radiactividad especificada en la etiqueta fueron multadas y cerradas.

Un buen ejemplo de la charlatanería que rodeaba los medicamentos radiactivos fue el *Radithor*, una "medicina patentada que curaba estimulando el sistema endocrino". El Radithor fue elaborado por Bailey Radium Laboratories, Inc. de Orange, New Jersey desde 1918 hasta 1928. Contenía agua destilada y la mezcla de un microgramo de compuesto de radio y un microgramo de compuesto de torio. En el cuerpo humano el radio se deposita en los huesos los irradia e induce cáncer.

La victima más conocida del Radithor fue el golfista amateur y magnate norteamericano de la industria del acero graduado de la Universidad de Yale, Eben Byers. Para aliviar el dolor que sentía tras sufrir un accidente, el Dr. C. Moyar le prescribió Radithor. Fue tanta la mejoría que obtuvo que decidió tomar tres botellas diarias. Después de un año y de haber consumido unos 1400 frascos empezó a perder peso, perdió varios dientes y su estructura ósea se estaba desmoronando. Sufría de fuertes dolores especialmente en la mandíbula, que al final tuvo que ser amputada. El diagnóstico fue envenenamiento por radio.

Después de grandes sufrimientos murió en un hospital de Nueva York a la edad de 51 años y su cuerpo tuvo que ser sepultado en un ataúd forrado en plomo. En 1965, cuando sus restos fueron exhumados, aún permanecían muy radiactivos.

El Dr. Moyar fue acusado por la muerte de Byers y de un centenar de pacientes más. Negó todos los cargos alegando que él mismo tomaba Radithor y se sentía muy bien.

Cuando el "caso Byers" llegó a los periódicos, la empresa fabricante tuvo que cerrar sus puertas y suprimir la producción. El propietario no fue acusado por la muerte de Byers, así que algún tiempo después fundó una nueva empresa, la *Radium Institute* en Nueva York que producía implementos radiactivos.

La muerte de Byers contribuyó para que la Administración de Alimentos y Medicamentos de Estados Unidos prohibiera la venta de gran parte de los productos que contenían elementos radiactivos.

Personalmente, me gustaría ver que la era nuclear, en términos de producción de energía, viene, porque no hay futuro a largo plazo para los países en desarrollo sin energía nuclear.

Abdus Salam

FUTURO DE LA ENERGÍA NUCLEAR

El fuerte crecimiento económico, la creciente demanda de energía que tuvieron los países industrializados después de la Segunda Guerra Mundial, el acceso a la electricidad por gran parte de la población de naciones en vía de desarrollo y las diferentes crisis petroleras, hizo que muchos países, industrializados o no, optaron por emplear la energía nuclear para generar electricidad. Otros países desconfiaban, asociaban la energía nuclear al uso militar que se le había dado durante la Segunda Guerra Mundial, o temían que pudieran ocurrir accidentes graves como el de Mayak en Rusia, que produjo la muerte de más de 200 personas, o el ocurrido en Windscale, Reino Unido, que contaminó unos 500 kilómetros cuadrados.

En 1954, la Unión Soviética construyó una pequeña planta nuclear con capacidad de 5 Mwe[45] para generar electricidad, en tanto que el Reino Unido inauguró en agosto de 1956 el reactor No.1 de la central nuclear Calder Hall en Cumberland. Esta central, aparte de la electricidad, producía plutonio que sería utilizado en las armas nucleares británicas.

También Estados Unidos inició un vasto programa encaminado la producción de energía eléctrica. Su primer reactor, que entró en funcionamiento en 1958, estaba situado en el río Ohio en Shippingport, Pennsylvania y generaba 60 Mwe.

En el mundo actualmente operan unas 450 centrales nucleares aportando unos 380.000 Mwe y se estima que hay unos 70 reactores en construcción. A pesar de los accidentes de Chernobyl y Fukushima, continuamente entran en funcionamiento nuevas cen-

---

[45]Megavatios eléctricos.

trales en países de los cinco continentes.

Las centrales nucleares garantizan el abastecimiento de energía eléctrica a precios estables y competitivos, reducen la dependencia del las importaciones de combustibles y, al contrario de las de combustibles fósil, no contaminan la atmósfera con óxidos de carbono, azufre y otros productos de la combustión como las cenizas, responsables de la lluvia ácida y del calentamiento global. Sin embargo, debido a los accidentes ocurridos en algunas centrales, nadie quiere una cerca de su casa.

Ninguna actividad industrial está sujeta a tantos controles y reglamentos de parte de organismos nacionales e internacionales como las centrales nucleares. Se controla su construcción, su funcionamiento y su desmantelamiento al término de su vida útil, se protege el medio ambiente, los trabajadores y el público en general.

Para el año 2050, la Unión Europea, por ejemplo, ambiciona disminuir en un 80% la contaminación atmosférica respecto a los niveles existentes en el año 1990. Para garantizar el suministro de energía y al mismo tiempo lograr el objetivo, cuenta principalmente con la contribución de las centrales nucleares.

El 87% de la energía que se consume en el mundo proviene fuentes fósiles, el 6,5% de la energía hidráulica, el 5,2% de la nuclear y el resto de fuentes renovables como la eólica y la solar, entre otras alternativas que ofrecen las nuevas tecnologías. La energía nuclear aporta el 16% de la electricidad que se consume. En Francia, por ejemplo, casi el 75% de la energía eléctrica es de origen nuclear.

Para cubrir la creciente demanda, muchos países están renovando e incrementando su parque nuclear. Entre 2015 y 2030, buena parte de las centrales nucleares existentes deberán ser renovadas y otras desmanteladas, ya que están próximas a cumplir su vida útil. Por lo tanto, si se quiere que la energía nuclear siga aportando su cuota, es preciso disponer de un programa de reemplazo, considerando que el tiempo requerido para construir una central nuclear es de 7 a 10 años.

China, por ejemplo, dispone de 34 reactores en funcionamiento y planea construir 30 centrales adicionales, con lo cual se convertiría en líder mundial. Además, China está experimentando con reactores de alta temperatura con núcleo refrigerado con sal fundida, que en teoría no podrían sufrir las fallas catastróficas como las ocurridas en Chernobyl y Fukushima. Un reactor de este tipo produciría muy pocos residuos, o incluso consumiría residuos nucleares anteriores.

La Unión Europea dispone de un parque nuclear muy avanzado y para el año 2050 habrá desarrollado el primer reactor termonuclear experimental. El principal obstáculo que enfrenta la comunidad europea es, sin duda, la falta de unanimidad de criterios en el momento de decidir su futuro energético.

El torio, la energía del futuro

La humanidad necesita urgentemente más energía. Se prevé que para el año 2045 la demanda aumentará en un 45%, y si no se opta por otra alternativa deberá ser cubierta con gas natural petróleo y carbón. De ser así, se estima que el calentamiento global para el año 2100 alcanzará los 6 grados centígrados. A pesar de esta amenaza, inexplicablemente se sigue atacando las centrales nucleares.

Con la tecnología actualmente disponible, no es posible generar suficiente energía proveniente de fuentes renovables como la hidráulica, solar o eólica, y tampoco es posible complacer a los ecologistas que se inclinan por sistemas que no generen dióxido de carbono. Por lo tanto, las opciones que quedan no son muchas.

Según el Organismo Internacional de Energía Atómica (IAEA), las reservas mundiales de uranio podrían durar unos 100 años más. Una alternativa que podría surgir en un futuro no muy lejano sería construir centrales nucleares en las que el uranio sea reemplazado por el torio.

Las investigaciones relacionadas con la utilización del torio como combustible nuclear comenzaron en la década de 1960, posteriormente se detuvieron y se optó por el uranio debido a que de las reacciones nucleares de este elemento se generaba plutonio, material utilizado en armas nucleares.

El torio es un elemento químico del grupo de los actínidos, símbolo Th, número atómico 90 y vida media de 14.000 millones de años. Fue aislado en 1828 por Jöns Jakob Berzelius, quien le dio el nombre en honor al dios nórdico del relámpago y la tormenta Thor. Se encuentra en estado natural en los minerales monacita, torita y troyanita y se estima que en la corteza terrestre es tres veces más abundante que el uranio.

Como combustible nuclear reúne propiedades que lo convierten en el elemento que podría sustituir con ventaja al uranio, ya que es casi imposible utilizarlo con fines bélicos, no requiere ser sometido a costosos procesos de enriquecimiento y la operación de un reactor de este tipo sería mucho más segura y económica.

Durante las reacciones nucleares, la mayor parte del torio se consume, por lo que la cantidad de residuos son menores y la mayor parte de ellos pierden peligrosidad en unos 30 años. Muy poco tiempo comparado con los peligrosos desechos que hoy en día se producen.

Entendiendo las ventajas que aportaría el torio como combustible nuclear, países como Alemania, Canadá, China, Estados Unidos, Holanda, Reino Unido y la India, esta última en poder de las mayores reservas mundiales de torio, están desarrollando esta tecnología que aún se encuentra en fase experimental. Así que, por algún tiempo se seguirá dependiendo del uranio.

La confirmación de que el torio puede sustituir al uranio ocurrió en 2013 cuando la empresa privada noruega, Thor Energy, comenzó a generar energía en un reactor de prueba. La compañía realizó sus investigaciones en un profundo túnel situado en una localidad cercana a la ciudad de Halden.

El combustible con que se está experimentando es una mezcla de torio y plutonio, conocida como *torio MOX*. Este combustible, por contener residuos de plutonio provenientes de otros reactores, ahorra los costos de almacenamiento de residuos radiactivos.

El torio-232, es un material de baja actividad no fisible, por lo cual por si mismo no puede mantener una reacción en cadena ni generar energía. Su capacidad de entregar energía se debe a que es un elemento fértil. Un elemento fértil es aquel que al ser bombardeado con neutrones se convierte en un elemento fisible. El torio-232 al capturar un neutrón transmuta en un isótopo fisible, el uranio-233. El uranio-233 al fisionar genera energía y emite en promedio 2,5 neutrones que dan origen a la reacción en cadena. Los neutrones utilizados para "estimular" el torio provienen de una fuente externa de uranio o plutonio.

El torio, aparte de ser una fuente de energía abundante, segura y más limpia, reúne las siguientes ventajas:

1. La energía contenida en el torio presente en la Tierra es mucho mayor que la contenida en el uranio, petróleo, gas y carbón juntos. Su rendimiento energético es unas 200 veces mayor y se estima que podría suministrar la energía que requiere la humanidad por varios miles de años.

2. El torio es aprovechable en un 100%.

3. Los residuos que genera son muchos menores y cientos de veces menos radiactivos. Sólo deben ser almacenados por unas cuantas décadas.

4. Al no producirse espontáneamente la reacción en cadena, no existe la posibilidad de la fusión del núcleo. Si se presentara alguna emergencia, el reactor se apaga con sólo evitar que los neutrones provenientes de la pequeña fuente externa alcanzaran el núcleo.

5. Se estima que los gastos de operación del las centrales es menor que el de las actuales.

A pesar de presentar estas ventajas, hay que anunciar que la tecnología del torio sólo ha dado resultados en pequeña escala. Todavía existen dificultades técnicas que impiden la construcción de reactores comercialmente rentables. Quizás se tarde unas cuantas décadas más, pero a menos que se descubra otra fuente de energía alterna tarde o temprano habrá que utilizar la energía encerrada en el torio y hay que hacerlo pronto, antes que el cambio climático vaya a convertir nuestro planeta en un desierto.

Me gustaría que la fusión nuclear se convirtiese en una fuente de energía práctica. Proporcionaría una inagotable fuente de energía sin contaminación ni calentamiento global.

Stephen Hawking

CONCLUSIÓN

Si se consideran las ventajas y desventajas que ofrece la energía nuclear, indudablemente la balanza se inclina a favor de las ventajas, tanto por los beneficios como por el impacto medioambiental, especialmente si en las nuevas centrales se logra resolver el problema de la acumulación de los residuos radiactivos.

A pesar de estas ventajas, los defensores del medio ambiente argumentan que si se hubiera invertido una fracción de lo que se gastó en la tecnología nuclear en desarrollar fuentes de energía renovable, el costo de la energía renovable sería mucho menor y su uso estaría más extendido.

Quizás los ambientalistas tengan razón, si se hubiera invertido, pero no se invirtió y esas decisiones no se pueden revertir. Además, nadie puede garantizar que si se hubieran hecho las inversiones hoy estaríamos mejor.

Actualmente necesitamos energía y es importante obtenerla, de lo contrario nuestra "civilización" se estancaría. A todos nosotros, los grandes consumidores nos gusta viajar en automóvil, bañarnos con agua caliente, encender las luces cuando anochece, ver nuestros programas favoritos en la televisión y viajar en avión de un continente a otro. Nadie quiere renunciar a estas importantes comodidades y tampoco está planteado que nadie, por ahora, tenga que hacerlo. Pero todos coincidimos que es mucho, pero mucho más importante mantener nuestro único planeta en condiciones que pueda seguir manteniendo la vida.

OTROS TÍTULOS DEL AUTOR

— Instrumentación biomédica, 2005.
— Obtención de imágenes médicas, 2010.
— Radiodiagnóstico y radioterapia, 2012.
— Pensamientos y reflexiones, 2013.
— La culpa no es mía, es de la testosterona, 2014.